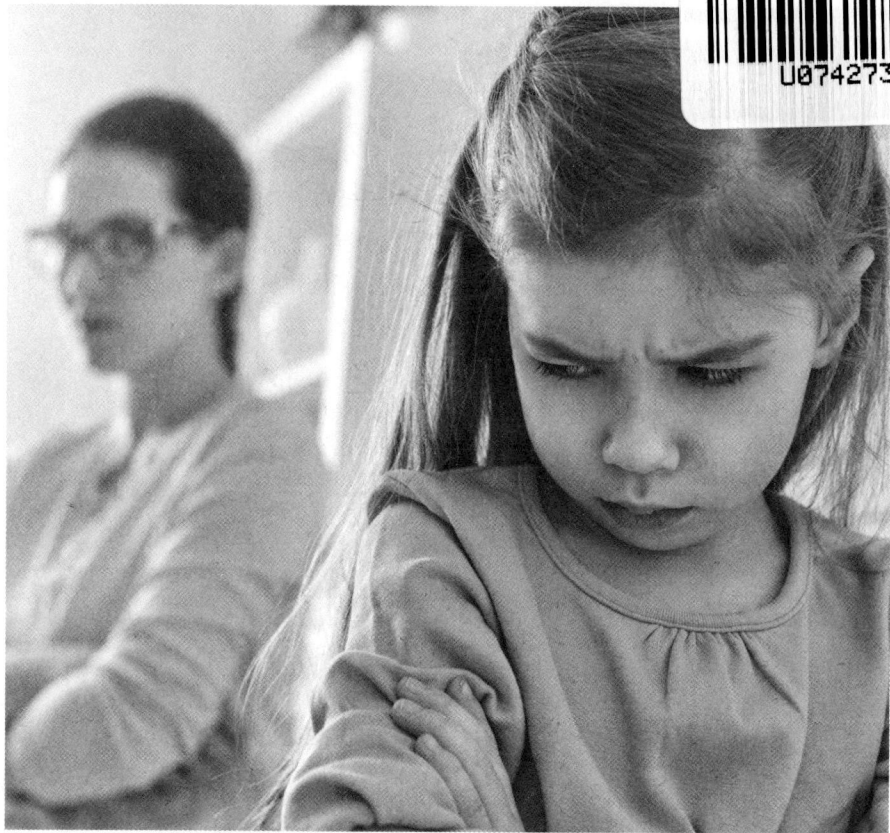

儿童情绪

心理学

田园◎编著

中国纺织出版社

内 容 提 要

情绪本身并没有好坏之分。只有积极的情绪能带来积极的行为，相反，就是消极的行为。培养孩子的情绪管理能力，就是要孩子做情绪的主人，这需要家长密切观察、巧妙引导。

本书就是从贴近生活的教育案例出发，结合很多让家长朋友苦恼的教育问题，并从情绪心理学的角度，给出了指导方法，帮助家长更好地理解孩子的感受、愿望和需求，进而教会孩子提升自己的情商，成为更好的自己！

图书在版编目（CIP）数据

儿童情绪心理学 / 田园编著. —北京：中国纺织出版社，2018.11 （2019.5重印）
ISBN 978-7-5180-5438-1

Ⅰ.①儿… Ⅱ.①田… Ⅲ.①情绪—儿童心理学
Ⅳ.①B844.1

中国版本图书馆CIP数据核字（2018）第224438号

责任编辑：闫 星　　特约编辑：李 杨　　责任印制：储志伟

中国纺织出版社出版发行
地址：北京市朝阳区百子湾东里A407号楼　邮政编码：100124
销售电话：010—67004422　传真：010—87155801
http://www.c-textilep.com
E-mail：faxing@c-textilep.com
中国纺织出版社天猫旗舰店
官方微博http://weibo.com/2119887771
天津千鹤文化传播有限公司印刷　各地新华书店经销
2018年11月第1版　2019年5月第3次印刷
开本：710×1000　1/16　印张：13
字数：130千字　定价：39.80元

前言

　　我们都知道，家庭对孩子一生的成长是至关重要的，家庭是孩子人生的第一所学校，家长是孩子最重要的启蒙老师。每个家长都望子成龙、望女成凤，然而，在教育孩子的问题上，一些家长认为给孩子最好的教育环境，引导孩子努力学习、考出好成绩，就能出人头地，其实我们忽略了教育孩子的另一个重要方面——情商，也就是情绪管理能力。情商不仅是一个人获得成功的关键因素，而且高情商者还能够充分地发挥自身潜能、调节掌控情绪，从而与周围的人在接触中表现出良好的亲和力，并在生活和工作中获得比别人更多的机遇，始终领先于别人。

　　事实上，"情绪管理"并不是新名词，早在20世纪50年代，这一概念就被提出来，并且在随后的几十年内不断被完善。随着人们对教育越来越重视，很多家长开始认识到孩子情绪管理能力的重要，也希望帮助孩子培养良好的情绪管理能力。

　　儿童心理学家早就指出，儿童的情绪管理能力的培养越早越好。他们指出：6岁以前的情感经验对人的一生具有恒久的影响，在此之前，如果孩子无法集中注意力，悲观、易怒、暴躁、具有破坏性，或者孤独、焦虑，对自己不满意等，会很大程度上影响其今后的个性发展和品格培养。如果负面情绪经常出现而且持续不断，就会对个人产生持久的负面影响，进而影响孩子的身心健康与人际关系的发展。

　　所以，作为父母，有一项很重要的工作就是及早重视孩子的情感需求，并对孩子的情绪做出正确的引导，帮助孩子认识、了解和控制自己的情绪，学会理解他人，即为孩子做好"情绪管理"，让孩子从小就拥有优质的情商。

　　然而，从科学理论角度来讲，情绪没有好坏之分，积极的情绪可以引发好的行为，消极的情绪则会带来坏的行为。我们的孩子有着和成人一样丰富的情绪体验，但是孩子毕竟是孩子，他们的知识水平不足，无法察觉并且合理控制自己的情绪变化，更别说有效管理了。因此，作为家长，首先要明察秋毫，对孩子表现出的各种情绪了如指掌，并且了解孩子会产生某种情绪的原因。只有这样，才能对症下药，消除孩子的负面情绪，鼓励孩子发展正面情绪。

　　当然，家长帮助孩子提升情绪管理能力，不但要带领他们学会表达情绪、控制负面情绪，还要带领他们培养尽可能多的正面情绪。不过，这个过程并不是一蹴而就，家长自身也要不断耐心学习，方能达到目的。

　　从这一目的出发，我们编写了《儿童情绪心理学》，本书从生活中的具体教育案例出发，详细阐述了如何根据孩子的不同情绪进行引导和梳理，希望能给家长以科学的指导，让家长与孩子共同受益、一起成长。

编著者

2018年6月

目录

第 1 章

透视儿童心理，帮助你的孩子认识与表达情绪

　　为人父母，我们都希望孩子是快乐的，希望孩子有个快乐的童年，但在孩子的成长过程中，会有各种各样的烦恼，孩子不完全是无忧无虑的。儿童心理学专家认为，童年是孩子情绪形成与发展的关键时期，作为家长，我们有必要引导孩子正确认识和表达自己的情绪，并学会管理情绪，成为情绪的主人，这需要家长首先透视儿童情绪，读懂孩子的内心，才能对症下药，找到最佳的解决方案。

测一测：帮助孩子做个情绪健康测试

童年是孩子情绪发展的关键时期，童年时期的孩子能否培养良好的情绪品质，关系到孩子一生的发展。而孩子的情绪是否健康，可以通过下面一个简单的小测试来进行判断。

对于以下问题，答案有两种："是"和"否"，答案为"是"得1分，答案为"否"则不得分。

这些问题是：

（1）你的孩子是否总是食欲不振？

（2）你的孩子是否总是不怎么高兴，哪怕成人逗他，也毫无笑意？

（3）你的孩子入睡后是否经常做噩梦？

（4）你的孩子是否经常莫名地伤心，却不愿意向成人透露原因？

（5）你的孩子是否因为一些芝麻绿豆的小事而动怒？

（6）你的孩子在做一件事时是否总是没办法集中注意力？

（7）你的孩子是否有吮手指的坏习惯？

（8）你的孩子是不是不喜欢与别的小朋友玩？

（9）你的孩子是否会因为心有不顺就不愿意理睬别人？

（10）你的孩子喜欢和你聊天、谈心吗？

（11）你的孩子是否经常控制不住自己的情绪，而事后又后悔不已？

（12）你的孩子是否没有自信，一旦被打击就妄自菲薄？

（13）你的孩子在学校或幼儿园哭闹吗？

（14）你的孩子是否找借口不愿意去上学？

（15）你的孩子睡觉时是否害怕？

（16）你的孩子是否害怕一些很寻常的事物，如小动物？

（17）在看到比自己某方面优秀的小朋友时，你的孩子是否会有语言攻击？

（18）你的孩子黏人吗？

（19）你的孩子是否感到不如人？

（20）你的孩子喜欢参加集体活动吗？

答案解析：

对于以上问题，你的答案所得的分数如果在0~6分，说明你的孩子情绪很正常，是个心平气和且健康的孩子。

得分如果在7~13分，说明你的孩子在情绪上存在一些消极的倾向，需要家长引起注意并及时给予干预与引导。

得分如果在14~20分，表明你的孩子情绪很不稳定，也可能存在一定程度的心理健康问题，可能家长引导和干预已经起不到最好的效果，建议最好寻求专业儿童心理专家的帮助，以尽早帮助孩子排除负面情绪恢复心理健康。

儿童情绪管理的重要性

我们知道，积极的情绪体验能够激发人体的潜能，使其保持旺盛的体力和精力，维持心理健康；消极的情绪体验只能使人意志消沉，有害身心健康，甚至会导致严重的心理问题。为此，学会保持乐观的生活态度与情绪，无论是对于我们成人还是孩子来说都是十分重要的。

可以说，童年是孩子情绪发展的关键时期。而作为家长，我们在教育孩子的过程中，不仅要培养孩子乐观地面对人生，还要教会孩子如何控制自己的情绪，帮助孩子做到情绪自我管理。

在情绪管理的过程中，觉察情绪、表达情绪，以至于利用情绪是其重要的三个部分。而所谓的儿童情绪管理，顾名思义，就是要帮助孩子学会做自己情绪的主人。管理情绪包括两个方面的内容：第一是能够充分地表达自己的情绪，不压制情绪；第二是要善于克制自己的情绪，善于把握表达情绪的分寸。

1.作为父母，首先对生活要有一种乐观的态度

父母是孩子的模范，孩子的情绪受父母行为的直接影响。与孩子相处时，父母必须乐观。当孩子有挫折感的时候，只有积极乐观的父母才能成为他依靠、慰藉的港湾。

父母首先要学会管理自己的情绪，不将不良情绪带给家庭、孩子，要塑造一种安全、温馨、平和的心理情境，用欣赏的眼光鼓励自己的孩子，让身处其中的孩子产生积极的自我认同，获得安全感，让其能自由、开放地感受和表达自己的情绪，使某些原本正常的情绪感受不因压抑而变质。

2.相信孩子

要让孩子喜欢自己，家庭要给孩子认同感。在教育孩子学会乐观地面对人生时，除了多与孩子交流，培养孩子的自信心之外，还有一个很重要的方面，就是父母首先要相信自己的孩子，给予其鼓励和支持。更重要的是要帮助孩子进取，克服一些他现在克服不了的困难。只有这样，才能教会孩子以正确的态度和措施保持乐观。

3.让孩子认识情绪、表达情绪

通过亲子之间的对话让孩子正确认识各种情绪，说出自己心里此时此刻真实的感受。只有知所想，才能知何解。平时，父母可以在自己或他人有情绪的时候，趁机引导孩子知道"妈妈好高兴哦""嗯，我很伤心"等让孩子知道原来人是有多种情绪的，还可以通过句式"妈妈很生气，因为……""我感到有点难过，是因为……"来告诉孩子自己的情绪来源，同时也可以问孩子，"你是什么感觉啊？""妈妈看见你很生气、难过，能告诉我发生了什么事吗？"等对话来引导孩子表达自己的情绪及发现自己情绪的原因，有利于提高孩子的情绪敏感度。

4.让孩子体验情绪，洞察他人情绪

游戏在年纪尚小的孩子的心理发展中起着重要作用，要让孩子在丰富多彩的游戏活动中体验自己的情绪，感受别人的情绪，知道自己和他人的需要。父母除了与孩子交流自己的情绪感受外，还可以通过说故事、编故事、角色扮演等方式和孩子讨论故事中人物的感觉和前因后果及利用周围的人、事物，来引导孩子设想他人的情绪和想法。从他人的情绪反应中，孩子会逐渐领悟到积极情绪能让自己和对方快乐，消极情绪会给自己和对方造成痛苦，不利于事情的解决。

5.教会孩子适当宣泄不良情绪

人在精神压抑的时候，如果不寻找机会宣泄情绪，会导致身心受到损害。可见，在悲伤时用力压抑自己，忍住泪水是不合适的。另外，在愤怒的时候，适当的宣泄也是必要的，不一定要采取大发脾气的方法，可以采用其他一些较好的方法。

家长不妨引导孩子采取以下方法发泄自己的情绪：在孩子盛怒时，让他离开这个地方，或找个体力活儿来干，或者干脆让他跑一圈，这样就能让他把因盛怒激发出来的能量释放出来；同时，如果孩子不高兴或是遇到了挫折，你可以把他的注意力转移到其他活动上去。例如，当孩子在厨房里吵闹着要玩小刀时，妈妈可以把他带到水池的肥皂泡面前分散他的注意，他很快会安静下来。另外，场景的迅速改变也能达到同样的目的——安静地把孩子从厨房带到房间里去，那里有许多吸引他注意的东西，玩具恐龙、图书都可以让他忘记刚才的不愉快。

当然，让孩子发泄自己的情绪，并不意味着家长可以忽视孩子那些不正确的行为。过激的情绪甚至消极的情绪都是生活中很平常的，但是伤害和破坏性的行为是绝对不被允许和容忍的。

家长在教育孩子的时候，一定要接受孩子的多面性情绪，引导孩子把消极情绪转化为积极情绪，唯有正视情绪表达的所有面貌，健康的情绪发展才有可能；唯有能够驾驭自己情绪的孩子，才能够成为有自我控制力的孩子！

了解儿童情绪发展的特点

儿童的智慧越成熟，情绪的发展也越深化和复杂。同理，儿童的情绪发展越成熟，智力也越发达。随着孩子逐渐长大，他们的情绪特点也会发生变化。

相对于婴幼儿时期的孩子来说，童年的孩子社会情感迅速发展，道德感、理智感和审美感都逐渐发展起来了。并且，孩子调节情绪的认知策略开始出现，并随着年龄的增长逐渐加强。他们开始掩饰自己的情绪，并掌握了一些简单的情绪表达规则，知道表现出适当的情绪可以得到成人相应的反应。他们还会使用富于表达性的身体动作来辨别情绪，对情绪的外部原因和结果的理解进一步提高，知道发生的某个事件让大人或同伴高兴或是不高兴。

此时，孩子社会情感的发展还没有完善，因此他们对情绪的控制能力不强，生活中常常会出现一会儿哭、一会儿笑的场面。随着年龄的增长，孩子对情绪的控制能力会有所增强。

1.易感染

这个时期的孩子的情绪具有情境性，会因为周围环境、事物的变化而产生兴趣的变化。例如，买了新玩具、妈妈离开、新朋友出现……都会使他们的情绪大起大落。很多时候情绪不是由孩子自身发出来的，而是因周围人的情绪波动而引起的。

幼儿园往往会出现这样的情况：一个小朋友哭起来了，其他小朋友也莫名其妙地跟着哭起来，整个场面变得混乱极了。随着年龄增长，孩子的控制能力加强，这些情绪特征就会逐渐减少，情绪的控制力、稳定

性也随之提高。

随着年龄的增长，孩子控制情绪的能力慢慢加强，易冲动、易外露、易感染这些特征就会逐渐减少，情绪的控制力、稳定性也会随之提高。

2.易冲动

3~6岁孩子的内抑制发展差，控制力弱，言语的调节功能不完善，因此当外界事物和情境刺激孩子时，孩子情绪就会出现爆发性，常从情绪的一端迅速发展到另一端。因此这个阶段的孩子的情绪易波动，极不稳定。这个时期孩子的脸就像春天的天气那样多变，说哭就哭，说笑就笑。

3.易外露

这个时期的孩子通常会将情绪变化毫不隐藏地表现出来，而且擅长用自己的身体语言来表达。例如，不高兴就哭，高兴就大笑或者是手舞足蹈，愤怒就瞪眼跺脚，有高兴的事就要向亲近的人诉说。

4.道德感

3岁以后，孩子产生了简单的道德感。在儿童与成人的交往中，初步接触到社会人群对人和事物的好坏、美丑的体验和评价。孩子的道德感就是在各种实践活动中，在成人的评价和语言强化下发展起来的。儿童了解了游戏规则，遵守游戏规则，成人夸奖了他，他得到了肯定，体验到满意愉快的体验，又在成人语言的指导下得到强化。他们逐渐知道哪些行为会引起满意的体验，哪些行为会引起不满意和不愉快的体验。他们开始按照社会行为标准认识好坏、美丑，从而使道德感发展起来。

这个时候父母不妨多教给孩子一些基本的社会准则，同时要用夸奖来巩固孩子的利他行为。例如，孩子会主动地擦桌子，给奶奶洗苹果，爸爸妈妈要多给他鼓励和夸奖，让孩子体会到自豪感，为自己而骄傲。

5.审美感

这个阶段的孩子在家长和成人对事物的态度、自身的体验、自己言语的直接影响下，也开始能直接感触到自己周围的事物，逐步产生自己的审美，如自然美景、穿着、音乐等。

到5~6岁，由于儿童语言和思维的发展及成人的指导，儿童对事物的分析和辨别能力增强。儿童就能从生活中分辨美丑，知道什么图画美、什么音乐好听、什么语言美、什么行为美。这样就产生了对美的事物舒服而愉悦的情绪体验。

这时候，作为父母，可以鼓励孩子多用自己的眼睛去观察周围美好的事物，也可以带他走出家门去欣赏美丽的事物，孩子对事物的感觉会更加敏锐，艺术修养也会有较大提高。

此时的孩子已经有了一定的情绪调节能力，也开始使用一定的策略来掩饰自己的情绪，并掌握了简单的表现规则。

如在做错事时，为了逃避惩罚，掩饰自己的负罪感和真实情绪，孩子会撒谎，但是他们的策略是简单的，很容易被成人发现。成人这时也不必发怒，要先检查自己的禁令是否合理，和孩子讲清楚道理，同时要记住，之前如果申明要惩罚的，就一定要执行。

此时的父母，要细微观察孩子的情绪变化，鼓励孩子说出心里真实的想法，然后告诉孩子正确的情绪应对方法，这样孩子的应对策略才会更加有效。

影响儿童情绪的因素知多少

我们都知道，人是身心结合的统一体，心理健康和身体健康是相互促进、相互制约的，对于儿童来说，他们的情绪心理不仅关系到身体的正常发育，而且关系到他今后的人生走向。

然而，在家庭教育过程中，不少家长发出这样的感叹："我的孩子脾气怎么这么暴躁，稍微有点不顺心，就发脾气""我的女儿动不动就哭，真不知道怎么开导她""我儿子总是不爱学习，现在还厌学、逃学了，可怎么办"……其实，这些家长之所以苦恼，是因为他们没有找到孩子出现坏情绪的原因。要想帮助孩子认识并合理表达自己的情绪，首先就要找到影响孩子情绪的因素，对症下药，才能全面提高孩子的情商。

其实，在孩子的世界里，"情绪"这个抽象的概念并不存在，他们只能从喜怒哀乐中感受心情的变化，并寻找发泄不良情绪的通道。

著名教育家蒙台梭利曾论断：儿童出生后4~6年，是形成健康的独立意识的关键时期，在他们的成长过程中，习得的是与成人直接接触中感受最为真切、最为深刻的社会性行为。也就是说，在这一时期，如果成人能积极鼓励儿童的独创性和想象力，就有助于培养其正视和追求有价值的目的的勇气；反之，儿童就会缺乏自信心，产生内疚感。为此，维护和增进儿童的心理健康已成为人们日益关注的问题，以下从三个方面来谈谈影响儿童心理健康的因素。

1.心理需要

心理学研究表明，需要是人的行为产生的动力和源泉，需要是情绪情感产生的基础，如果人的合理需要长期得不到满足，就会产生受挫感、忧郁感和压抑感，进而影响其心理的健康发展。为了更好地促进儿童心理健康发展，我们应该认真研究儿童的心理需要。

首先，我们要爱孩子，让他们感到来自父母的爱。

例如，孩子说喜欢某某老师，因为"她帮我梳小辫""她常摸我的头""他带我去他家"等。这里，老师的行为，在孩子心里就代表着老师对他们的爱和关注，所以我们应通过各种形式向孩子表达我们的爱，满足他们被爱的需要。

其次，满足孩子心理安全的需要。

环境是孩子成长的摇篮，是孩子的乐园，儿童的学习乃至整个发展都是在与环境的交互作用中完成的。陈鹤琴先生曾经说过："怎样的环境就得到怎样的刺激，得到怎样的印象。"也就是说，孩子可以依据不同的环境，建立起新的行为习惯和方式。

在家庭教育中，需要父母营造安全、健康、积极和温馨的家庭氛围；反之，如果孩子得不到相应的关怀和温暖，就会处于心理不安全、情绪不稳定的状态中，会感到不知所措。

2.家庭影响

家庭是一个人最初的生活环境，是心理健康教育的第一课堂，社会和时代的要求都通过家庭在儿童的心灵中打下深深的烙印。

在家庭因素中，父母对子女的教养与态度是影响孩子情绪心理的重要原因。

在一些家庭中，父母过分迁就和袒护孩子，对孩子百依百顺，满足他们的一切欲望，这往往使孩子形成唯我独尊、固执、依赖性强、缺乏

独立性的特点而一旦自己的要求得不到满足，就会发脾气、耍性子等。

也有一些家长只顾忙自己的事，对孩子漠不关心，任孩子自由发展，认为教育是老师的事，与己无关。这种心态极易使孩子形成孤僻的个性。有些家长望子成龙违背孩子的特点、兴趣及发展规律，盲目地给孩子加负，希望自己的孩子样样比其他孩子强，稍有差错就斥责、打骂孩子，使其很容易受到挫折情绪的伤害。

以上这些情况，都要求家长在教育中尊重孩子意愿，尊重孩子的权利，对孩子适度地要求，这样孩子才会健康地发展。

家庭的结构也是影响孩子心理健康的一个主要因素。许多研究表明，破裂家庭的孩子得不到家庭的温暖和正常的教育，容易悲观、孤僻、无信念感，与成年人难以和睦相处等，因此，给孩子一个安全、可靠的家，让孩子拥有一个健康的心理，是做父母的责任。

家庭气氛是影响孩子情绪心理的一个主要因素。研究发现，生活在宁静而愉快的家庭中的孩子与生活在气氛紧张家庭中的孩子，情绪表现上有很大的差别。如果家庭中父母关系融洽，孩子就会有安全感，信心十足。如果父母关系紧张，经常发生口角，则会使孩子情绪不稳定、紧张和焦虑，缺乏安全感，对人不信任，长期忧心忡忡，担心家庭悲剧发生，害怕父母迁怒于自己严重影响心理的健康发展。因此作为家长，要着力营造宽松和谐的家庭气氛，保持积极、乐观、向上的态度，消除不良情绪的干扰，保持良好的心境，为孩子的健康成长提供良好的环境。

当然，影响孩子情绪的因素有很多，而对作为家长也要认识到，培养情绪力是一个持续进行的过程，一旦开始，就会渐入佳境。只要父母投入时间和耐心，运用技巧和练习，就能调好孩子的情绪特质。让孩子知道自己可以有所选择，做自己情绪的主人。

教孩子学会认识和表达自己的情绪

心理学专家介绍，情绪是人与生俱来的心理反应，它由四种基本情绪构成：愤怒、恐惧、悲伤、快乐。这如同绘画中红、黄、蓝三元色，其不同的组合构成人的各种情绪状态。每个人都有情绪，孩子也有情绪，只是有些孩子表达的方式比较温和、有的孩子表达的方式比较强烈。父母的责任，就是教孩子学会调节情绪，找到科学的疏导方法。

无论成年人还是儿童，不可能总是快乐无忧。相对于成人来说，孩子的喜怒哀乐通常是很真实的，往往直接支配着他的行为，无论是快乐还是悲伤，他们都会挂在脸上，而在我们成人看来，一件很小的事，可能就会引发他们强烈的情绪波动。

研究表明，儿童时期具有的情绪调节能力，是他们以后生活中能否成功、是否快乐的最好预示。孩子在成长过程中，学会管理自己的情绪对他的人生幸福至关重要。其实，孩子在每一天的生活中，不但会体验快乐，也会有挫折、后悔、孤单的感觉。有些孩子一旦受到挫折，感到难过，就习惯用暴力的方式发泄，这种行为不但给其他人造成困扰，也影响自己的人际关系。这很可能只是他不知道该如何适当表达和分享自己的感受。

教孩子认识自己的感觉，这是管理自我情绪的第一步。因为从儿童心理发展的角度来看，对自己情绪体验得越多，孩子的心态发展越成

熟。每一次强烈情绪的经历，都是一次宝贵的经验。如果我们允许儿童完整地体验自己的情绪，接纳并认可自己的感受，就有助于他们认知事物、总结规律、提炼经验，有助于他们今后遇到同类境况时做出理智的分析和恰当的反应，有助于他们获得坚定的自信心。相反，假如我们不允许甚至是遏制孩子体验或表达情绪，并非意味着他们面对同样状况时就没有情绪了；我们只是暂时地压抑了孩子的情绪。孩子也会感受到，自己这些情绪是可憎的，甚至认为自己是可憎的。然而他们缺乏控制情绪的能力和经验，只能强行忍受着内心的煎熬，绝望地感到自己无能为力，从而产生自卑。孩子将来长大了，面对内心依然会产生的强烈的情绪反应，会感到不知所措，也会感到羞愧难当；既不知道怎样表达，也不知道怎样处理。压抑良久，会导致各种心理问题。

帮助孩子认识和表达情绪，我们可以遵循以下两个原则。

1.教孩子学会表达自己的感觉

在日常生活中，父母可以多和孩子聊天，或适时问孩子："你现在是什么感觉啊？""你喜不喜欢？""什么事情让你这么生气？"还可以通过讲故事、编故事、角色扮演等游戏教给孩子疏导情绪的方法。有时还可以通过交换日记、写纸条的方式让孩子说说高兴和不高兴的事。如此一来，孩子也就逐渐学会如何用"讲道理"的方式表达自己的心情。

2.教孩子学会表达情绪

当孩子生气发飙或闷闷不乐时，父母千万不要也因而动怒，"你再哭我就打你"这样的惩罚，既无法制止孩子的哭闹行为，也无法让孩子学会如何疏导不良情绪。父母要懂得利用此机会，教孩子几招调节不良情绪的好方法，引导孩子适度发泄。

（1）教导孩子用语言表达怒气。研究证明，语言发展较好的孩子，遭受的挫折感也比较少，因为他们懂得用语言表达自己的需要，因此容易被满足，而且当他们说出自己生气难过的原因时，不仅有助于情绪宣泄，也能获得他人的理解和安慰。父母可以在孩子生气、难过的时候，教导他们用语言而非肢体表达情绪。

（2）教孩子转换思维。如果孩子陷入某种负面情绪里，通常是因为"想不开"，此时，父母可以带着他想些好事情，或引导他发现原来事情并没有这么糟。孩子能够学习用不同角度和方向思考，进一步也就可以用有创意的方式自己想办法走出困境。

（3）带着孩子放松心情玩一玩。压力经常是孩子心情不好的来源之一。可以教孩子做做伸展体操，或是用力画图、用力唱歌，让他体会这些"用力动作"对解除紧张情绪还是很有作用的。下次他就能有更多选择，调节自己的不良情绪了。

（4）教孩子换个角度看自己。当心情不好或遭遇挫折的时候，孩子很容易对自己产生负面的看法，觉得自己真的很差劲，这时父母可以提醒孩子，他曾经在其他方面表现得很好。让孩子时常记起自己成功的经验，可以帮孩子找回自信，相信自己可以克服困难，也更愿意去接受挑战。

最后，要帮助孩子建立自信心，因为自信的孩子更容易获得快乐的情绪。父母应该多鼓励、多赞美孩子，增强他们的独立性和进取心。

的确，孩子的成长并不是一个直线上升的过程，而是呈波浪式上升的。孩子的情绪发展也是如此。面对孩子情绪波动期的无理取闹和火暴

脾气，父母要多理解他们，教给他们调节情绪的方法。拥有良好情绪、健康心态的孩子，在将来的生活中更容易获得幸福和成功，这就需要父母尽早地关注孩子良好情绪的建立与培养，因为，这是他们走向成功的第一步。

细心观察，留意孩子的情绪变化

我们都知道，任何人都是有情绪的，包括喜、怒、哀、乐、恐惧、沮丧等，因为人是情绪的动物，人的情绪也是与生俱来的，孩子逐渐长大，也开始有了多变的情绪，对于儿童来说也是如此。对此，我们要学会留意孩子情绪的变化并及时予以疏导，不然，他们的情绪就会像一匹脱缰的野马四处乱撞。可能刚刚那个活泼开朗的孩子一下子就变得闷闷不乐、喜怒无常、神神秘秘了。

这天，上小学的多多放学回家，进门就嚷："妈，从明天开始，我不去学校了！"

如果平时爸爸在家，一定会严厉地训斥他。但妈妈却是个温和的人，她知道儿子肯定是受了什么委屈。

"为什么不去呢？"

"没什么，感觉不大舒服。"

"不舒服，哪里不舒服？怎么不早点请假回来呢？"

"不想耽误学习啊，你别问了，反正我不去。"其实，妈妈是聪明的，儿子说话这么有力气，怎么会身体不舒服，一定另有隐情。

"可是，今天不舒服，明天不一定不舒服啊，要不，妈妈带你去医院吧。"妈妈在说这话的时候，故意露出一点笑容。儿子明白，妈妈看出端倪了，于是，他只好说："妈，我是不是很没用啊？"

"怎么这么说，我儿子一直是最棒的，有最棒的体格，最棒的学习接受能力，待人温和，还疼妈妈。"

听到妈妈这么说，儿子笑了，主动招出了今天遇到的事："妈，今天老师叫我们写一篇作文，我拼错了一个字，老师就嘲笑了我一番，结果同学们都笑我，真没面子！"

此时，妈妈没有说话，只是搂着伤心的儿子。儿子沉默了几分钟，从妈妈怀中站了起来，平静地说："谢谢你听我说这些事，我要去公园了，同学们还等着我呢。"

从这个故事中，我们体会到一对母子的和谐关系。可见，亲子关系和谐的家庭，父母一定是懂得随时关注孩子的情绪的，当孩子出现烦恼时，他们总是能成为孩子的知心朋友。

那么，作为父母，当对孩子的情绪予以理解以后，又该怎样帮助孩子顺利梳理好情绪呢？

作为父母，你是否发现，当孩子呱呱坠地时，我们会特别留意他，留意他的声调、面部表情、动作、姿势等，会用自己的行动表达对孩子的爱，可当孩子逐渐长大、成为儿童后，父母反倒把这种表达爱的方式搁浅了，而这种细微的变化，很多父母都没有注意到，而孩子在离我们越来越远。大多数情况则是，孩子的各种情绪开始日益明显，很多家长抱怨孩子不好管，事实上，没有教不好的孩子，只有不好的教育方法。只要方法妥当，任何孩子都是优秀的；只要用心，总能找到合适的教育

方法，孩子更需要的是父母的爱和关心。

因此，父母要体贴和帮助孩子，要对孩子身心发展的状况予以留意，对他们某些特有的行为举止要予以理解并认真对待。认识到孩子在儿童时期的情绪管理至关重要，继而理解孩子，这样才能和孩子做朋友。

我们家长要做到：

1.理解、信任你的孩子，查找孩子消极情绪产生的原因

每个父母都是爱孩子的，可是教育的结果却完全不同。为什么有的家长能跟孩子和谐相处、情同知己，有的却水火不容、形同陌路。这就是教育方法的不同所造成的。作为父母，首先就要了解你的孩子，关注孩子的成长过程，了解孩子烦恼产生的来源。只要这样，才能对症下药，帮助孩子解决烦恼。

2.适当"讨好"一下你的孩子，缩短彼此间的心理距离

这里的"讨好"并不具备任何功利目的，而是为了加强亲子关系，父母应该偶尔赞扬一下孩子，或者带孩子出去散散心等，让孩子感受到家庭的温暖，彼此间的心理距离就拉近了。孩子自然愿意向你倾诉了。

3.不要总是压制孩子表达自己的想法

任何父母都希望自己的孩子把自己当朋友，对自己倾吐成长中的烦恼与快乐，然而，孩子越大越难与他们沟通，这是很多父母共同的感受。这是为什么呢？其实，孩子也想对父母说实话，只是很多父母总是端着家长的架子，甚至压制孩子的想法，孩子又怎么愿意与你沟通呢？因此，聪明的父母都会引导孩子发表自己的意见，让孩子畅所欲言。

4.尊重孩子，平等交流

家长要学会跟孩子聊天，不要认为孩子的世界很幼稚，对孩子的话题不感兴趣，不论孩子说什么，最好表现出很感兴趣，这样孩子才有跟你交谈的欲望。

望子成龙、望女成凤的家长们，在日常生活中，如果你发现你的孩子满脸愁容，那么你就要考虑下自己的孩子是否在为某件事烦心。此时，你如果从理解孩子、尊重孩子的角度，做孩子的朋友，或许他会对你敞开心扉！

言传身教，提升自身情绪调控力

在教育孩子这一问题上，中国人常说："言传身教。"这句话强调家长的表率作用，在情绪管理上也是如此，家长在处理孩子情绪之前，要先处理好自己的情绪。

儿童心理学专家指出，生活中一些父母在处理情绪时经常言行不一，自己的情绪表达方式和孩子一样，但对于孩子的问题却道德劝说，而导致孩子对于父母的管教失去信心。父母是孩子最亲近的人，父母自身的情绪调控能力如何，直接影响孩子的情绪。也就是说，父母情绪化会对孩子造成超乎想象的危害。

生活中，我们常常评价一个人情绪化，指的就是喜怒无常，刚才还和风细雨，这会儿就雷电交加，如果父母是情绪化的人，那么，在父母的影响下，儿童也会缺乏安全感。长期处于这种压抑环境下的儿童会变

得胆小懦弱、自卑内向，也有可能和父母一样喜怒无常，令人不敢接近。

根据美国华盛顿大学心理学教授约翰·高特曼的追踪调查发现，父母扮演情绪教练的孩子，比较有能力处理自己的情绪，挫折忍受度高，社交能力和学业表现也比较杰出。提高孩子的情绪能力，已成为现代父母的必修课。

为此，父母最好用以下方法言传身教、提升孩子的情绪管理能力。

1.提升孩子的情绪敏感度

通过亲子之间的对话让孩子正确认识各种情绪，说出自己心里此时此刻真实的感受。

2.向孩子坦诚你的情绪和感受

当你坦诚地说"妈妈明天要上台报告，觉得很紧张"时，孩子学会"有情绪是人之常情"；当你遇到挫折，对自己说"没关系，只要我冷静下来想清楚，一定有办法克服"，孩子了解到"自我对话的重要性"；当孩子手中的气球不慎飘走了，你高兴得大喊："你看，气球妈妈在呼唤它了，赶快和气球说再见！"原本悲伤的孩子就会发现"转换情绪带来的惊奇"。

3.在孩子面前展现自己处理坏情绪的方法

孩子通过观察、模仿，不断吸收父母因应情绪的风格，在孩子面前适当表现你的情绪越显重要。偶尔和孩子分享自己如何从错误中学习的往事，有助于拉近亲子之间的距离。

当然，这是一个循序渐进的过程，在父母正确引导下的儿童，往往情商比较高，人际关系更好。因此，作为父母，我们要做到言传身教，让孩子在耳濡目染中提升情绪管理能力。

营造好环境，别让孩子幼小的心灵蒙上阴影

瑞典教育家爱伦·凯指出：环境对人的成长非常重要，良好的环境是孩子形成正确思想和优秀人格的基础。这句话也充分说明家庭环境对人的影响之大。

生活中，我们每个人都像一只小船，而只有家庭才是我们的港湾，它能给我们带来安全感。每一个孩子，都需要这样一个温馨、和谐的家，只有在这样的家庭环境下，孩子才会感觉到轻松、安全、心情舒畅、情绪稳定，这有利于孩子心健康成长。因此，从这一点看，家庭中的父母长辈，也都应该以快乐的情绪生活，并为孩子营造一个温馨和睦的家庭氛围。

为此，父母需要给孩子提供一个舒适的成长环境。父母要记住：所有孩子的良好情绪、品行都不是从天上掉下来的，而是适宜环境条件培养出来的。孩子在出生之后，就要尽可能地为他营造一个安静祥和的成长环境，使他从小对生活充满了无限的积极幻想。这样，他们在长大成人之后，才能更有品位地生活。

曾经有专家对一批婴幼儿进行跟踪调查，调查表明，那些生长于和谐、温馨的家庭氛围中的婴幼儿，有这样一些优点：活泼开朗、大方、勤奋好学、求知欲强、智力发展水平高、有开拓进取精神；思想活跃、合作友善、富于同情心。

而另外有一项调查，少管所中的不少孩子是由于父母不和，家长经常吵架，甚至离异，家长全然无视子女的教育，孩子的身心健康发展受到严重影响，致使孩子走上邪路。

家庭成员间的关系，会对孩子以下两个方面产生影响。

那些幸福、温馨的家庭，成员之间是互相信任的。在这样的环境中成长，孩子终日耳闻目睹，感染力是巨大的，潜移默化地使孩子学会了热情、诚实、善良、正直、关心他人等优良个性品质。

另外，在这样的家庭环境中，成员之间是互相爱护的，他们也对孩子疼爱有加，因此，除自己的学习和工作外，有更多的精力关心孩子，这有利于孩子的智力开发、知识经验的积累以及能力的提高，为孩子入学后的学习打好基础。

总之，良好的家庭情感、和谐的家庭气氛可给孩子良好影响，每一位家长都应从孩子形成优良的个性品质、健康成长的责任出发，重视营造一个温馨和睦的家庭环境，以利于孩子成长。

第2章

挫折情绪：教孩子正确看待输赢和成败

对于成长中的儿童来说，挫折是一种珍贵的资源，也是人生的一种财富。古今中外的理论和实践都证明：挫折教育可以增强孩子的适应能力、磨炼意志，形成自我激励机制，有着其他教育所无法替代的作用和价值，这正是孩子成长所必不可少的"壮骨剂"。但挫折教育也需要父母的引导，父母应引导和培养儿童在不同情境下战胜挫折的应变能力，激发儿童的知识积累和大脑潜能，激发他们探究未知事物的兴趣，提高他们解决问题的能力，并使其从中获得可贵的人生智慧和坚韧的意志品质。

任何时候"挫折教育"必不可少

人们常说，"自古英雄多磨难。"这句充满智慧的警句，生动地说明了一点：父母培养孩子从小学会应对挫折，会使孩子终身受益。实践告诉我们，要教育好下一代，除了要教孩子掌握一定的科学文化知识和技能外，还必须帮孩子塑造良好的思想素质。人只有经历过挫折，从小培养顽强的意志力、忍耐力，坚韧不拔、不屈不挠的精神，最终才会获得成功，才能在社会的激烈竞争中立于不败之地。给孩子一点挫折，对孩子的一生是大有益处的。放开手让孩子独立面对生活的各个方面，让其自己解决问题。孩子几经如此"折磨"，将来就不会像温室里的豆芽那样，一碰就断。

困难和挫折是一所最好的学校，在这所学校里，孩子能历经磨炼，"艰难困苦，玉汝以成"。没有尝过饥与渴的滋味，就永远体会不到食物和水的甜美，不懂得生活到底是什么滋味；没有经历过困难和挫折，就品味不到成功的喜悦；没有经历过苦难，就永远感受不到什么叫幸福。尽管每位父母都不想让孩子去经历苦难，希望他们的人生路上充满笑脸和鲜花，但生活是无情的，每个人的人生路上都会遇到各种各样的苦难，畏惧苦难的人将永远不会有幸福。

　　父母作为孩子的第一任老师，无论对孩子的期望有多大，希望孩子将来从事什么样的职业，现下都应该帮助孩子学会如何面对挫折和困难，而不应该一味地宠溺孩子，不让孩子经受一点风浪，这看似是爱孩子，实际上是害孩子。同时，家长还要考虑到孩子还有一定的依赖性，对孩子放手固然正确，但要适度，孩子对挫折的承受能力有限，孩子在受挫时，必要时家长要告诉孩子：跌倒了，自己爬起来，这就给了孩子一种能力的肯定，这样的挫折教育才是有意义的。

　　因此，父母在生活中培养孩子的抗挫折能力很有必要，父母可以从以下几个方面努力。

　　1.父母的心态影响孩子的心态

　　作为父母，我们也是孩子的老师。父母如何对待人生的挫折，首先是对父母人生态度的一个考验，其次是给予孩子何种影响。

　　如果父母在挫折面前积极乐观，把挫折看成一个人生的新契机，那么孩子在父母的影响下，也会直面人生的各种挫折，以积极的心态去迎接各种挑战。反过来，如果父母在挫折面前消极悲观，回避现实，那么只能降低自己在孩子心目中的威信，更不利于教育孩子正视挫折。

　　2.放手让孩子自己去经历挫折，而不是包办孩子的一切

　　人生之路，谁都不会事事顺心，有掌声也有挫折，有阳光明媚也有风雨交加。人往往挫折坎坷比平坦之路更多。孩子还小，将来还要面对复杂多变的社会，所以，父母要从小让孩子学着面对逆境和挫折，绝不能替孩子包办一切，让其失去锻炼机会。

　　3.鼓励孩子勇敢面对

　　孩子在任何时候都需要父母的支持，挫折发生时，鼓励孩子冷静分

析、沉着应对，找到解决挫折的有效办法。平常和孩子一起探索战胜挫折、克服消极心理的有效方法，帮助孩子进行自我排解、自我疏导，从而将消极情绪转化为积极情绪，增添战胜挫折的勇气。在父母鼓励下战胜挫折的孩子，定能学会抵抗挫折，成为在人生路上不断前行的勇者。

总之，作为父母，要让孩子明白，人生路上，免不了挫折。如果我们希望孩子能在未来社会独当一面，能成为一个敢于面对逆境和挫折的人，就要让孩子从现在开始就从容面对，而不是无奈逃避。让孩子明白挫折是生活的一部分，学会正确地看待挫折，孩子才能更快地成长、成熟，将来才会更好地把握自己的人生！

让失败了的孩子再尝试一次

人生中，困难和危险无处不在、无时不有。一个勇于迎战困难的孩子，才有战胜困难、夺取成功的希望，而那些蜷缩在温室中、保护伞下的孩子注定是要在困难面前不能成功的。这告诉父母，在教育孩子的过程中，培养孩子勇于尝试，是必不可少的一步。因为人一旦失去了尝试的勇气，就失去了所有的一切！

我们不能不承认，现在的很多孩子都生活在蜜罐里，过着衣来伸手、饭来张口的生活。他们是整个家庭的"中心"，父母过度的"保护"，让孩子既缺乏承受挫折的机会，更没有承受挫折的思想准备。所以当挫折摆在面前的时候，这些孩子就会表现出懦弱、悲观、处处想逃

避它的行为。但是生活并非一帆风顺，是处处藏着逆境的，对于孩子来说也无法避免。因此，引导孩子如何正确对待挫折、失败、困难，从而具有较强的心理承受能力和坚强的意志，对于他们将来的成长有着非同寻常的意义。

对孩子进行耐挫折教育，家长必须认识到爱孩子应该有理智的爱，不能迁就，在生活中很多父母对孩子嘘寒问暖，不让孩子受一点点委屈，这是爱孩子的表现，但过度的关爱和保护，会让孩子失去许多动手机会，接受困难的机会便很少，其生活经验也会更少。孩子在过多的关爱中形成了依赖思想，给自己贴上"弱者"的标签，当遇到困难时，首先想到的便是成人，而没有自己克服的意识和勇气。所以，提升孩子面对挫折的情绪管理能力，有助于引导孩子更有勇气去面对失败，也更能在失败中崛起。那么，家长应该怎样引导失败了的孩子再尝试一次呢？

1.给予引导

当孩子在交往中遭遇挫折和失败时，父母应引导孩子分析受挫折的原因，从中汲取教训，并想办法克服困难。当他自己克服困难时，父母应鼓励、肯定，让孩子体验成功的喜悦，增强克服困难的信心。如果他自己克服不了困难，父母应给予适当的安慰和帮助，以免造成孩子过分紧张，影响身心健康。

有位母亲在谈到克服女儿在下围棋时有"输不起"的心态时说："当我女儿在走围棋时出现了那样的情况后，我总是有意识地引导，走围棋时肯定会有输赢，只要你好好学，什么时候技术超过了别人，你就能战胜对方了，如果你现在还比不上人家，被别人吃掉，你也要勇敢

些，别哭。你走围棋时多用小脑袋想想，是哪里出错了……在一次又一次的心理引导和实践的体验中，孩子的承受力渐渐增强了。现在她也参加了幼儿园围棋班的学习，考验的机会也多了，孩子面对失败也更坦然了。"

2.给予鼓励

当孩子失败后，当他误以为自己走投无路的时候，他最需要父母帮助他点燃心中的希望，看清自己的潜力。那就鼓励孩子坚信挫折只是暂时的，因为努力会冲破绝境。孩子在你的鼓励下就会跃跃欲试，孩子有了成功的体验后，以后就有面对困难懂得尝试的意识了。

3.给予尝试

孩子毕竟是孩子，对于他们认为困难的事情，他们有时会主动拒绝尝试，但如果父母帮他们将目标确定成"试一试"，而不是"成功"，孩子的内心就会轻松许多。如果他们被剥夺了尝试的机会，也就等于被剥夺了犯错误和改正错误的机会，离成功之路也就越来越远。父母的聪明之处在于：即便是一次失败的努力，也让孩子觉得从中有所收获。所以当你的孩子拒绝尝试时，父母要及时地给予鼓励，鼓励孩子去尝试，哪怕是一次失败的尝试，如果孩子能在尝试中成功，那也会给他们带来成就感，从而获得面对困难的勇气。如果尝试失败了，父母再出面予以帮助，在帮助中获得技能，让他懂得面对困难挫折不是退缩，而是勇敢地去解决。

4.借助孩子的其他优势来激励他

在某一领域里的充分自信，可以帮助孩子更好地面对来自其他方面的挫败。如果面临挫折，孩子将自己的优点丢在了脑后，父母一定别忘了提醒他，借助他的其他优势激励他改变弱势的信心。

"女儿在前段时间要去参加捏泥塑比赛，作为妈妈自然希望她取得好成绩。于是回家来我总想方设法让她多练习。女儿虽然对动手操作感兴趣，但是对于难度大一些的事物总是不想多实践。我觉得我得先让她对难的事物感兴趣，兴趣是最好的老师嘛。于是我跟她说：'你看你刚才捏的这个真的很难，妈妈只教了你一次，你都捏得比妈妈好了，真了不起。那一个好像更难了，我们一起来捏，你教教妈妈好不好啊？'女儿借助自己的优势而树立起来信心去改变她对于难度大而不愿实践的弱势的信心。"

通过优势激励，能让孩子有一种自我价值的肯定。这种心理暗示，能鼓励孩子从挫折和失败中重新站起。

总之，作为父母，不要让你的孩子成为一个弱者，不要让他在失败中不堪一击，不能让他像鸵鸟一样在遇到危险的时候，就把自己的头藏在沙土中以获得心灵上的解脱。在挫折教育大行其道的今天，父母需要把握好这中间的尺度，培养孩子的抗挫折能力和越挫越勇的斗志，应该让孩子时刻记得，放弃就意味着失败，尝试就有成功的可能！

引导孩子知道失败并不可怕

"有志者，事竟成，破釜沉舟，百二秦关终属楚；苦心人，天不负，卧薪尝胆，三千越甲可吞吴。"这句励志名言告诉无数失败的人，失败并不可怕，只要有勇气承担失败，然后从失败中站起来。即使屡战屡败，也会自强不息。而这种承担失败奋起的勇气需要经历人生的磨炼

方能获得。是否拥有钢铁般的意志，是父母培养孩子成才不可忽视的问题，也是儿童挫折情绪引导的重要内容。

古之立大事者，不唯有超世之才，但必有坚韧不拔之志。如今很多家长都希望自己的孩子成绩优异，只要孩子好好学习，对孩子的要求尽量满足，但却忽视了情绪的管理与意志力的培养，没有坚强的意志，孩子很难拥有与挫折抗争的勇气和决心。从儿童时期就培养孩子的抗挫折能力，才能够比一般人更有勇气去迎接困难、挑战困难、战胜困难。

因此，我们有必要引导儿童正确面对成败，人生不顺的经历也是一种财富。生命中的每个挫折、每个伤痛、每个失败，都自有它的意义。很多父母已经意识到这个问题，于是，出现了很多对孩子进行"吃苦"教育的夏令营活动、"带孩子去上班"等，还有新近兴起的"磨难教育""学军学农"。在日本，甚至许多家长鼓励孩子从事冒险活动，其目的无非是让孩子多经历一些坎坷，多接触一些实践，这样可以培养锻炼孩子具有接受挫折和战胜挫折的能力和意志力。

孩子怕苦，就不会成功，就不会搞好学习，遇到困难就后退，悲观地对待生活，这样很难适应社会的竞争。作为孩子的家长，注意实践磨炼是让孩子直接理解人生、融入社会、锻炼意志、培养自信的重要手段，对于一个人的成长非常重要。那么，父母该怎样提升孩子面对挫折的情绪能力呢？

1.引导儿童逐步自立

这其中最重要的是要让孩子在心理上独立。家长不能代替孩子去考虑问题，要孩子自己去思考，尊重孩子的意见，这样孩子能独立思考问题，能有主见，从而为孩子以后的成功打下基础。

2.设置生活挫折和障碍

在生活中，设置一些挫折，让孩子去面对，也可以让孩子参加社会实践，或者让孩子接触社会，锻炼自己，培养吃苦精神。

3.家长主动与孩子一起吃苦

由于现在的家长忙，与孩子的沟通少，造成父母与孩子的代沟越来越大。如何去弥补这个缺陷，只有靠家长多与孩子在一起。家长可以陪孩子参加运动项目，如一起打球、一起游泳、一起旅游，这样可以增加与孩子沟通的机会，同样让孩子得到了锻炼。

另外，对于孩子的抗挫折情绪能力，我们要相信孩子自己的判断力，并且给他足够的时间调整自己的心态。而强迫他接受你对他的帮助，会使他产生真正的挫折感。儿童接受现实后，会自己调整。即使失败了父母也要相信，下次孩子一定可以做得更好。

总之，家长不要错过让儿童学习、锻炼的每一次机会，努力增强儿童接受现实的勇气，为今后生存打下良好的基础。未来是属于孩子的，未来的路要靠他们自己去走，未来的生活要靠他们自己去创造。

如何引导孩子从"输不起"的情绪中走出来

任何一位家长都明白一个道理，我们的孩子最终都会长大，都要步入社会、参与社会竞争。竞争的不仅仅是知识和能力，也是心态，能输得起、拿得起、放得下的才能笑到最后。家长在培养孩子健康情绪能力的过程中担任着不可替代的角色，孩子阳光、健康心态的获得，必须

靠父母的引导。可是现实生活中，很多家长对自己的孩子疼爱有加，不愿看其受委屈和挫折，也有一些家长喜欢将孩子的成功当作自己的"门面"，赢了就夸孩子聪明、能干，输了就指责和埋怨孩子笨，这种教育方式是很不可取的，这样做很容易让孩子走向两个极端，要么失败了就爬不起来，要么就非赢不可。这样的孩子哪里输得起，怎能正视挫折和失败！

我们发现，这些有"输不起"情绪的儿童，往往会：与人交往时，喜欢做核心人物；当不能成为社交中心时，就会发脾气；同时，他们不会感谢人，易受外界影响；等等。其实，当孩子遇到挫折而沮丧、焦虑、自卑时，家长的职责不在于怎样保护孩子今后不受挫折，而在于如何提高孩子抗挫折的能力。家长应有意识地在日常生活中培养孩子做事的目的性和持久性，并帮助他们通过克服困难来锻炼意志。

一天，小刚妈妈接到学校打来电话，说小刚和同学打架了。当她忐忑不安地赶到学校后，发现儿子和另一个小男生果果以及他的父母都在班主任的办公室里。原来，儿子班上要重新选举班委会，由孩子们自由投票决定。最后果果以两票的优势胜出而当选了班长。儿子接受不了这个现实，当场就哭了起来，并冲过去用力推了果果一把，果果猝不及防，一头撞在桌子上，鼻血直流。

小刚妈妈自知理亏，赶紧向果果一家认错、道歉。问题解决后，他们径直回家。丈夫脾气暴躁，一进家门就忍不住要"教训"儿子。看着孩子那害怕的眼神，妈妈连忙拉住了丈夫。冷静下来后，他们问儿子当时为什么要推果果，儿子被这么一问，眼泪又出来了，抽噎着说："我的票数为什么会比他的少？我为什么不能当班长？"

小刚的这种心态就是输不起，生活中，可能有不少孩子也这样，平常不时会表现出沮丧的神情，这不是孩子竞争过程中的正常情绪体验。此时，很多家长一般没有设法去引导他的好胜心，反而一个劲儿地指挥他向前冲。在极度好胜与遭受挫折的双重挤压下，孩子就表现出了和小刚一样过激的行为。

也经常有家长抱怨，"每次和孩子一起游戏，只要我赢了他，他就会很不开心，闹着说不算数，硬要重来""我们家孩子不会交朋友，做游戏、参加比赛他只能赢，不能输，小朋友都不愿意和他玩"。争强好胜，赢了就满心欢喜，输了就大哭大闹。这也是"输不起"的孩子。

其实，从心理学的角度来讲，儿童"输不起"是一种正常现象。无论做什么事情，孩子总是希望自己比别人强，以获得周围人的认可。可是因为儿童年龄小，各方面都不成熟，他们并不了解自己的强项和弱项，在人前或是在集体活动中，一旦不如人，他们就会表现出不高兴。

一般来说，儿童"输不起"通常会有两种表现，一种是面对挫折和失败，采取回避的办法逃避困难。例如，妈妈批评小强学钢琴不认真，不如隔壁的玲玲弹得好，听到这话，小强就索性不弹了。另外一种是一旦在游戏中输了，就大发脾气或哭闹以示宣泄。在幼儿园，老师们常会遇到因为抢不到发言机会而委屈哭泣的孩子。

虽说好强是孩子正常的心理，但如果太在意每一次得失，就会影响他们与别人的相处。面对"输不起"的孩子，父母需要费点心思，帮助孩子排除这种坏情绪，让他们体会做每件事所带来的情感经验。作为孩子的第一任教师，家长在孩子个性形成过程中起着非常重要的作用。引导"输不起"的孩子，父母首先要平衡自己的心态，正确看待孩子的失

败。当孩子在学习和游戏中受挫时，应该教育他们克服沮丧和悲观的情绪，帮助他们分析失败的原因，建立积极的心态对待暂时的受挫。

面对这样"输不起"的孩子，父母该如何开导，让他们坦然面对输赢呢？

1.当孩子还在幼儿阶段时

父母应该尽可能地协助他们体验成功，建立起自信。但失败在生活中又是不可避免的，要让孩子视之为另一种情感体验。在孩子情绪低落时，家长要多鼓励，帮助他们积极面对挫折。家长这样做，既告诉了孩子失败和受挫是成长过程中不可避免的事情，同时也鼓励他们积极面对。

2.当遇到不能避免的失败的时候

父母不要过分为孩子排除一些在正常环境中可能遭遇到的困难，当孩子遇挫时，父母不要立刻插手，不妨留给孩子自己面对失败的机会。

3.让孩子在集体游戏中磨炼提高孩子的耐挫力

让孩子在集体游戏中经历一些挫折和失败，这些痛苦经历能让他们更好地认识自己，发现自己的缺点和别人的长处，发展他们的内省智能。这样，他们一方面学会了欣赏别人，和同伴友好相处，共同合作；另一方面，在与同伴的交流中，他们也学会如何克服困难、解决问题。

4.大人和孩子游戏时不要经常故意输给孩子

适当的时候玩一些输了也有奖励的游戏，奖励的前提是要孩子总结出输的原因。通过这种办法，可以平衡孩子"输不起"的心态。

总之，在儿童成长过程中，当发现孩子总是希望自己比别人强，一旦不如人，就表现出不高兴的时候，就说明孩子有"输不起"的心态。对此，父母要进行有效干预，一段时间过后，这些引导就会起作用。在

屡次的竞争中，无论是输是赢，孩子都能够保持平和的心态。在这种轻松的心理环境中，孩子的表现也自然更优秀。这样的孩子能真正体会到"竞争"的含义！

引导孩子以平常心对待考试失利

小乐今年上二年级，她很懂事，是个学习认真、努力的女生，可令她自己甚至是老师苦恼的是，一到考试，她就怯场，无法发挥自己正常的水平，结果就考砸了。她烦躁不安，觉得自己很没有用，对不起老师和父母，也提不起精神来重新学习。有一次，她和妈妈谈心的时候说："我马上就要上三年级了，可成绩总是不理想，刚刚上小学的时候我知道我的成绩不错，老师也很喜欢我，但是就在这个学期考了一次数学，结果成绩一下子掉下去了。后来学习的时候，就提不起兴趣了。期中考试的时候，我的成绩更下滑了，后来慢慢地，我更不喜欢数学了，妈妈，我该怎么办？"

对于很多学龄儿童来说，都要面临考试，而面对考试失利，自然是有一定心理压力的。考砸时压力是学生主观认知在客观条件下作用的结果，考试前，他们对自己的能力和水平有个评估，而当考砸以后，在客观结果上就形成了一种差距，这种心理压力也就产生了。这种心理的危害是相当大的，轻者产生心理阴影，重者会做出一些过激的行为。因此，父母一定要帮助儿童减轻考试压力，帮助他们以正确的心态接受考试结果，具体来说，父母可以这样做。

1.帮助孩子正视失败，告诉他们别光盯着消极面

胜败乃兵家常事，考试考"糊"，对孩子而言是很正常的事。父母要告诉孩子，一旦在考试上遭遇挫折，一定要勇敢些，要正视现实，承认痛苦和感伤。要知道，从不经历失败，就无法真正认识人生的真谛。如果一味地生活在懊悔或自责中，消极地看待失利后面临的问题，能有重新开始的信心和勇气吗？所以，不妨勇敢些、乐观些、积极些。否则，会由考试的失利转化成心情上的失落乃至人生的失意，而后者对人的"杀伤力"是十分可怕的。

2.告诫孩子降低过高的学习目标

父母可以引导孩子明白，重视学习过程而不要过于计较考试结果，把考试当成作业，把作业看作考试，以平和的心态来对待考试，这样，即使考砸了，也不会太失望。

3.帮助孩子转移注意力，学会规避挫折

考试失利是哪个孩子都不愿看到的结果。情绪扭不过来的时候，父母可以告诉孩子不妨暂时回避一下，打破静态体验，用动态活动转换情绪。

父母可以告诉孩子，若你能聆听一段心爱的音乐，跟随乐曲哼起来、动起来，你的心灵也会与音乐一起得到净化；若你把注意力放在与别人轻松交往上，约上三五好友，逛逛街、打打球，这都有助于缓解你的失意情绪。规避挫折不是教你逃避现实，而是希望你能尽可能地把愉快、向上的事串联起来，形成愉悦身心的"多米诺骨牌效应"。这样你就可以逐步摆脱烦恼与沮丧，拥有一个阳光灿烂的心境。

4.引导孩子倾诉出来，不制造人际隔阂

有些孩子考试特别是重大考试考"糊"了后，便会背负起沉重的精神包袱，往日的笑脸不见了，整日深居简出，羞于见同学、老师，面对同学的电话或来访持抵触心理。其实这是不理智的，是在为自己制造人际隔阂，同时也暴露出其心理的脆弱。

父母可以引导孩子倾诉心中的苦恼，因为倾诉可以让心灵得到释放。父母可以告诉孩子：为什么不走出去，找亲朋好友倾诉一番呢？即使痛哭一场也总比一个人躲在家里自责强啊！烦恼发泄出来了，"失意"的病毒便在你心里无处藏身了。

5.带领孩子总结经验教训

父母应该让孩子明白，一次失利并不代表次次失利，应多问问自己为什么会失利，应该怎么补救。自己要认真地想个明白，是自己课本知识没有学好，还是考试时太粗心了。如果是课本知识没学好，就要加强学习，对每个问题都要理解透彻，努力弄懂弄通，同时，加强练习，熟悉各种题型，打牢自己的基础。考试时做到细心细致，以免造成不必要的丢分。学习是件很轻松、很愉快的事，学习时快乐学习，玩时痛快地玩，放松自己就是解放自己。

总之，父母需要告诉孩子，人生不如意事常八九，考试的结果并不重要，考试失利也不过是命运对心理承受能力的一种考验！

培养孩子积极乐观的心态

乐观的人往往善于在平凡的日常生活中找到快乐，在不愉快的情境中找回欢乐，能轻松自如地化解一些尴尬，以积极的心态来面对生活，

不但自己整天开开心心，也会因此感染别人，使别人也同样感到快乐。可见，乐观的心态对人很重要。

心理学的研究表明，乐观的孩子开朗、活泼；对待生活热情，不怕失败，敢于尝试；对事物充满兴趣，创新意识较强。乐观的孩子，他们在学校的表现往往比较好，长大了也容易获得成功。我们还发现，那些成功人士，无不有着乐观的心态，而他们乐观的心态是在经历了人生的磨难和生活的历练以后获得的。相反，现在很多家庭，父母辛苦打拼，全部心血都是为了孩子。家长满足孩子的一切要求，好吃的，好穿的，好玩的，甚至还想要给孩子留下一笔可观的财产，父母想着孩子的一辈子，可是这样优越的生长环境，却造成了孩子心灵的空虚，凡事悲观消极、闷闷不乐。这正是吃苦教育的缺失造成的。

乐观的心态不是每个人都会拥有的，但是可以培养，从童年时代就应该开始培养。很多父母在儿童的成长过程中一般只注重孩子的健康和智商，却忽略了影响孩子一生的至关重要的一点，那就是孩子的心理健康。那么，父母该如何培养儿童积极乐观的心态呢？

1.勿对儿童控制过严

作为父母，当然不能对孩子不加管教、听之任之，但是控制过严又可能压制儿童天真烂漫的童心，对孩子的心理健康产生消极作用。不妨让孩子在不同的年龄阶段拥有不同的选择权。只有从小能享受选择权的孩子，才能感到真正意义上的快乐和自在。

（1）让孩子有时间享受"不受限制"的快乐。在家中孩子一旦开始喊叫、跳跃，父母便会想办法制止，孩子只好越来越乖了。但由此带来的是孩子的热情和活力在一点点丧失，孩子的心灵也感受到了压抑。所

以，让孩子有一些享受"不受限制"的快乐是必要的。

（2）体育活动。好的身体状况和运动技能，有利于让孩子树立正确的自我形象观。

（3）笑出声来。笑出来，对家长和孩子的健康都有好处。

2.鼓励孩子多交朋友

不善交际的孩子大多性格抑郁，因为时时可能遭受孤独的煎熬，享受不到友情的温暖。不妨鼓励孩子多交朋友，特别是同龄朋友。本身性格内向、抑郁的孩子更适宜多交一些开朗乐观的朋友。

3.教会孩子与人融洽相处

和他人融洽相处者的内心世界较为光明美好。父母不妨带孩子接触不同年龄、性别、性格、职业和社会地位的人，让他们学会和不同类型的人融洽相处。当然，孩子首先得学会跟父母和兄弟姐妹以及亲戚融洽相处。此外，家长自己也应与他人相处融洽，做到热情、真诚待人，不在背后随意议论别人，给孩子树立一个好榜样。

4.物质生活避免奢华

物质生活的奢华会使孩子产生贪得无厌的心理，而对物质的追求往往又难以获得自我满足，这就是为何贪婪者大多并不快乐的根本原因。相反，那些过着简单生活的孩子，往往只要得到一件玩具，就会玩得十分高兴。

5.让孩子拥有适度的自信

拥有自信与快乐性格的形成息息相关。对一个因智力或能力有限而充满自卑的孩子，家长务必发现其长处并发扬光大，并审时度势地多做表扬和鼓励。来自家长和亲友的正面肯定无疑有助于孩子克服自卑、树

立自信。

6.创建快乐的家庭气氛

家庭的气氛，家庭成员之间的关系，在很大程度上会影响儿童性格的形成。研究表明，孩子在牙牙学语之前就能感觉到周围的情绪和氛围，尽管当时他还不能用语言来表达。可见，一个充满了敌意甚至暴力的家庭，绝对培养不出开朗乐观的孩子。

父母最好不要在孩子面前争吵，如果被孩子看到或听到，必须要当着孩子的面解决，表示父母已和好，还会和以前一样快乐地生活，这样有利于孩子的心理健康，不会对孩子造成对未来生活的恐惧。

在对孩子的教育上，不能是父母一方在教育而另一方却在偏袒，正确的做法是父母阵线一致，对孩子的教育以讲道理为主，而不是靠"打"。不过，对于一些原则性的问题，如说谎、偷东西、逃学等，如果屡次说服教育不听，也可以用"打"的手段以引起孩子的警戒，但"打"要在让孩子认识到错误并不再犯的同时也应顾及孩子的自尊心，打后应及时给予孩子抚慰，让孩子明白打他的理由和父母的良苦用心。

7.不要苛求完美

父母不要太过于追求完美，父母如果总是对孩子表示不满和批评，会伤了孩子的自尊，使其失去自信。

教育是一门艺术，每个孩子的教育结果就是父母的艺术成果，历经磨炼的儿童往往更乐观，面对问题和挫折更能以平和、阳光的心态面对，好心态能让孩子在成长的路上走得更稳健！

第 3 章

愤怒情绪：别让孩子成为一只愤怒的小鸟

作为成人，家长都知道，愤怒是人的基本情绪之一，每个人都会生气，我们的孩子也是，但我们也知道，愤怒并不是一种积极正面的情绪，它不但会使儿童产生不愉快的情感体验，还会让父母心情糟糕。面对儿童的愤怒情绪，父母一定要采用科学的态度和方式来应对，绝不能采取棍棒式教育，对孩子一味地斥责、打骂等，以暴制暴只能压制孩子的情绪，而愤怒的情绪如果长时期得不到宣泄，孩子以后的叛逆情绪和暴力倾向则会有增无减，甚至造成严重后果，那么，父母该如何应对呢？在本章，我们将着力了解这一点。

孩子产生生气情绪的原因有哪些

杰克今年4岁了，前几天，他的表姐来他家玩的时候带来一个新玩具，等表姐走后，杰克便开始纠缠妈妈，非要妈妈也给自己买一个一模一样的玩具，但那时候已经到夜里8点多了，他所住的小区离市区很远，该玩具只有在市中心某大型超市才有卖，并且也没有去市区的车了，妈妈就告诉杰克今天暂时不买，但杰克不依不饶，哭闹了一整夜。

这件事表面看起来是杰克任性，无理取闹。可他的妈妈从没有从心理角度去了解，她认为杰克非要那个玩具，是因为别人也有，纯粹是胡闹。而她忘记杰克只是对那个玩具上一直闪着的灯感兴趣，如果自己也拥有一个的话，就能好好研究了。这就是一种好奇的心理需求。当他的这一心理需求得不到满足时，他就与妈妈作对，无奈中只得以哭来抗议。不达到目的，绝不罢休。

这个故事中，如果杰克的妈妈体会了孩子的这一心理，采取表扬杰克为弄清那玩具为何闪亮是爱动脑筋和聪明的表现，再摆出今晚不可复得这玩具的道理，并承诺明天将与他共同研究玩具闪亮的原因，可能孩子的情绪会好很多。至少，他心理上感到妈妈对他在"闪亮"问题上的认可。

经常看到有些孩子在家长没有满足他的欲望时大声哭闹、在地上打滚，或撕扯自己的头发、衣服，或抱着成人的腿赖着不走。这些行为称为暴怒发作。暴怒发作中的孩子往往不听劝阻，除非成人满足他们的要求，否则会一直僵持下去。

那么，儿童产生生气情绪的原因有哪些呢？

1.无理取闹

无理取闹一般都是比较小的孩子容易犯的错。起因可能有很多。例如，孩子不喜欢刷牙，所以每次刷牙的时候，他就故意捣乱或吵闹；孩子不让父母离开，妈妈爸爸急着去上班，他就是不让；到了商店里，他一定要买和家里一模一样的玩具，不买就大吵大闹；等等。

2.遭遇失败

孩子的心非常单纯，但是也非常脆弱，经不起一点打击。例如，孩子很用心地在拼拼图，但是拼了半天，都不成功；或是很努力地搭积木房子，搭得很高的时候，房子突然塌了。孩子觉得自己没有想象当中那么能干，就会情绪低落。

3.要求得不到满足

最令父母尴尬的情形，是孩子在公众场所闹别扭。父母这时必须让自己先冷静下来，不要大声呵斥他，因为你的干预越多，他的脾气可能越强烈。孩子闹情绪，有时是带有试探性质的，大人表现得越在乎，他可能越过分。

这时，你可以深呼吸，由一数到十，平静自己的情绪，稳定下来再跟孩子说话，这也是给孩子一个调整情绪的时间。孩子见你如此冷静，就可能觉得无趣而收敛了。如果孩子仍然无法冷静，就告诉孩子"我们

现在要走"，然后抱走他，等到了无人的场所，就试试让他哭够了自己安静下来吧！当然，你也可以在安全的前提下，离开他一会儿，孩子"打仗"找不到对手，过一会儿他自己就会感到没有意思，发脾气也就停止了。

暴怒发作与孩子的性格有关，但频频发作的原因往往在家长身上。

首先，家人的溺爱。父亲、母亲或爷爷、奶奶过分疼爱孩子，总怕孩子受委屈，为了博取孩子的欢心，有求必应，而不考虑这种要求是不是适当。这样就逐渐使孩子滋生了一种以自我为中心的意识。以自我为中心的孩子，无论做什么事，都是以自己的意志为转移，随心所欲，为所欲为。有时，父母觉得孩子的要求过于无理，本不想答应，但孩子一发脾气，就立刻给予满足，这是一种最糟糕的做法。因为孩子从这样的事情中知道，发脾气是满足愿望和要求的最有效的手段，于是就变得更容易发脾气了，造成了恶性循环。

其次，家庭教育缺乏一贯性和一致性。今天禁止的事，明天便鼓励去做，父亲认为是好事，母亲说坏；爷爷同意的事情，奶奶偏要阻拦。这样就会增加孩子的受挫感，从而导致其烦躁和暴躁。

最后，父母对孩子要求过分严格。孩子稍有过错或没有按要求去做或做得不好，父母就严加训斥甚至把孩子狠狠地揍一顿。这种做法会造成两种不良结果：其一，孩子感到不满和压抑，这种不满和压抑会在以后的某种场合中表现出来；其二，父母的举动，为孩子提供了一个效仿的榜样，一旦环境适当，孩子也会表现出同样的暴躁和攻击性行为。除此以外，疾病与生理条件也是引发坏脾气的原因之一。神经衰弱的儿童特别容易兴奋、发脾气，处于疾病和疲劳状态中的孩子也常常有烦躁不安、易于发火的表现。

对于容易暴怒的孩子，平时要加强对他们的心理辅导，当发生不愉快时，要采用活动转移法，让他们在体育游戏或其他活动中宣泄内心的紧张，并为他们树立讲道理、讲礼貌的榜样供他们学习。每次发作平息后，要严肃地教育他们，使他们认识到自己的错误。如果发现孩子在哪一次能克制自己没有发作，应及时予以表扬和奖励。最后提及一点，父母平时要管理好自己的情绪。

父母如何正确对待孩子的坏脾气

我们都知道，家庭教育是一切教育的起点，家庭教育无时不影响着孩子的成长，良好的家庭教育能塑造孩子美好的品质，而当今社会，很多家庭都是独生子女，对孩子的培养以宠爱为主，导致孩子的自控能力差，动不动就发脾气。那么，孩子为什么会发脾气呢？

对于年幼的孩子来说，他们之所以愤怒、发脾气，多半是因为他们的诉求得不到满足，最早是体现在他们的需求得不到满足而产生的不满与焦躁情绪，而随着他们年龄的增长，愤怒就会越来越多地体现在心理诉求得不到满足的情况下。

生活中经常会发生一些不快的事件，这些事件会影响人们的情绪，尤其是遭受挫折时，人们会沮丧、抑郁，儿童当然也不例外，如孩子在学校没有考好，没有评上三好学生或者被同学欺负了等，这时就会出现明显的挫折感，他们不高兴，就会找出一种发泄的方法，发脾气就是

其中最常见的一种，甚至有些性格懦弱的孩子还会哭闹。一碰到孩子哭闹，父母就觉得是不是自己没有做好，内心产生愧疚；还有的妈妈听不得孩子哭，孩子一哭就要想办法制止；还有一些家长，面对孩子哭闹或是发脾气，自己也按捺不住心中的怒火，或是训斥或是打骂孩子。这些都是错误的解决办法，只能强化孩子的这种消极心理。

溺爱孩子，就是认同孩子发脾气是正确的，而家长的认同是孩子的"通行令"，只能增长孩子的坏脾气。如果父母对孩子比较粗暴，动不动就训斥孩子，孩子对各种事情没有任何解释和发言权，这样会使孩子减少或缺乏学习用语言正确表达情感的机会，也就有可能最终学会粗暴待人等不良习惯，这会对孩子的未来造成消极影响，不利于孩子以后的生活和事业。

那么，如何正确对待孩子的坏脾气呢？

首先家长要管理好自己的情绪，给孩子做个榜样。如果家长自己都不能很好地管理自己的情绪，如孩子哭闹时，自己先忍不住，要么逃避、要么以不耐烦甚至粗暴的态度面对孩子的话，孩子是不可能学会正确管理情绪的。

一位妈妈这样写道："别以为小孩什么事情都不懂，她可都看在眼里呢，有一次她冲我发脾气，我就说她：'小姑娘不可以这么大声说话。'结果就听到她小声嘟囔：'妈妈和爸爸不开心的时候也这么大声说话的。'听到女儿这么说，从那以后，我尽量克制自己的急性子，暗自发誓要给她树立一个优雅妈妈的好榜样。"

无数事实证明，父母的一言一行对孩子的影响是巨大的，如果父母说话大嗓门，那孩子讲话也必然不会细声细语；父母说话无所顾忌，孩

子自然也会大大咧咧……所以要想培养出好脾气的孩子，父母必须以身作则。

这就需要家长明白几个道理。

1.要想正确面对孩子的哭闹，我们需要了解，孩子为什么会这样做。

家长需要认识到，哭闹和发脾气是孩子心情不好的一种本能表现，是孩子发泄心中负面情绪的一种方式。一方面，他们还小，不能很好地控制自己的情绪；另一方面，孩子需要学习其他更能够被别人接受的方式，让自己心情平静。

2.小孩子的哭闹和发脾气，并不是坏事

小孩子的哭闹和发脾气，其实是好事，因为让负面情绪发泄出来，孩子的心理才会健康。家长要做的不是压抑孩子，而是要帮助孩子逐渐学习如何通过其他方式来发泄。

由于孩子对自己情绪的控制能力比较差，他们时不时地发"小脾气"是常见的事情。

帮助孩子控制自己的脾气，需要一个过程，因为孩子的自控能力不是一下子就能形成的。可能在很长的时间里，家长都需要耐心地面对孩子的哭闹，并逐渐引导孩子学会其他的发泄方式。中国有句老话："孩子见了娘，没事哭三场。"确实，孩子在母亲面前，要比在别人面前更爱哭闹。这是非常正常的现象，妈妈们千万不要担心，别以为这样会把孩子惯坏。

3.要认识到成功的沟通没有秘诀，和孩子的沟通能有效地帮助孩子控制自己的脾气

沟通没有通用的模式，与一个孩子沟通的方式并不总是适合于另一

个孩子。因此，父母必须根据自己孩子的特点，创造自己的沟通方式。

成功的亲子沟通没有什么秘诀，只要你是有心人，就能找到适合自己孩子的沟通方式。

4.帮助孩子找到合理的发泄情绪的方式

家长要帮助孩子学会用语言表达内心的感受。例如孩子因为妈妈不同意带他去吃麦当劳而哭闹的时候，妈妈可以说："你现在一定很想去吃麦当劳，可是我们约定一周只能去一次，今天去不了，真遗憾，我也替你感到很伤心。"这样帮孩子说出来，孩子心里就会好受一些。逐渐地，他也能够学会用语言代替哭泣来表达情绪。还有一点需要强调的是，家长要允许孩子哭闹，不能因为孩子的哭闹而纵容孩子。

有的家长特别怕孩子哭，一看孩子哭，就会纵容孩子的某些错误做法，或者给孩子许诺、满足孩子的"无理要求"。如孩子一哭就答应给孩子买糖、买玩具，这样做，不仅不能解决问题，还会让孩子发现，哭闹能换来很多"好处"，以后，他会更多地采用这一"秘密武器"。

孩子长大一些后，父母应尽量鼓励孩子用语言表达自己的情绪，告诉他遇到问题时要讲道理，说缘由，而不要动不动就乱哭闹、发脾气。

孩子内心承受力差、易发怒怎么办

心理承受能力关乎到一个孩子的成长状况，一个心理承受力强的孩子，情绪稳定，意志顽强，积极进取，敢于冒险，乐于尝试新鲜陌生的领域，面对挫折和变化也能保持乐观，百折不挠，越战越勇。而一个心理承受力弱的孩子，会表现得退缩、耐性差、懦弱、焦虑和自卑，面对困难缺乏坚持，面对自己不熟悉不擅长的领域，宁可不做，因为不做就不会输。北京大学儿童青少年卫生研究所公布的《中学生自杀现象调查分析报告》显示：中学生5个人中就有1个人曾经考虑过自杀，占样本总数的20.4%，而为自杀做过计划的占6.5%。其根源都与心理承受力有关。

其实，不光是中学生，对于童年的孩子来说也是如此，不少脾气暴躁、易怒的儿童都有着心理承受力差的弱点。我们的孩子将来会生活在一个更多变的社会，他们将会面对职场的激烈竞争、复杂的人际关系，也免不了遭遇情场失意、事业困境、生意败北……总有一天，我们要先孩子而去，不如早点把世界交到他们手中。孩子的心理承受能力，直接关系到他的人生是否幸福。

因此，帮助我们的孩子疏导情绪，强化孩子的心理承受能力，是父母给予孩子受益一生的珍贵礼物。

为此，儿童心理学专家建议父母用以下方法帮助孩子疏导情绪，提升其情绪管理能力和心理承受能力。

1.告诉孩子发火前长吁三口气

要告诉孩子"发火前长吁三口气"，事实上，很多事情都没有你想象得那么严重。如果不学着控制自己的情绪，任着性子大发脾气，不仅解决不了问题，还会伤了和气。

2.告诫孩子正确地宣泄自己的情绪

孩子的心理是脆弱的、敏感的、容易受伤的，他们也会悲伤沮丧，此时，你可以告诉他，不妨哭出声来。你要告诉他，一个坚强的人并不是不能哭，在过度痛苦和悲伤时，哭也不失为一种排解不良情绪的有效

办法。哭不仅可以释放体内的毒素，还能释放能量，调节机体平衡。在亲人和挚友面前痛哭，是一种真实感情的爆发，大哭一场，痛苦和悲伤的情绪就减少了许多，心情就会畅快很多。流眼泪并非懦弱的表示。所以你可以告诉孩子，该哭当哭，该笑当笑，但要把握好一个度，否则会走向反面。

3. "事件"结束后，帮助孩子正确梳理情绪

等"事件"结束，心情基本平定后，帮助孩子做自我反省，就能较理性、客观地看待分析；反省的另一层意义是，再一次经历当时的情绪波动，但脱离了"现场"，情绪压力再一次释放的同时也得到缓解。

总之，孩子的心理承受能力与大人不同，一些小事都可能引起他们的过激行为。父母要在平时管教孩子时，多注意他们的心理健康教育，并帮助孩子认识自己的情绪、管理自己的情绪，让其保持稳定的心境！

父母不要当着孩子的面吵架

案例1

这天早上，天天和往常一样来到幼儿园，走进教室却没有和老师打招呼，而是径直走到自己的座位上。低着头，也不说话，只是玩弄着铅笔。看着天天反常的样子，老师走过来问："天天，今天怎么也不说'老师早'了？"

天天抬起头，他两只眼睛红红的、肿肿的。老师笑着问："是不是早上不肯吃早饭，被妈妈打了？"天天摇摇头。

老师又问道："那你眼睛怎么肿了？是不是早上哭过了？"天天点点头，老师又问他是什么原因，他就是不说。

老师拉着天天的手说："天天，不要怕，老师会帮助你的。"

天天迟疑了一会儿，说道："早上爸爸、妈妈吵架了，吵得很凶，我吓死了。"说着说着，好像又要哭出来了。

这时，老师把天天楼在怀里，安慰他说："没关系，爸爸、妈妈吵架，一会儿就好了，他们还是爱你的，不信你放学回到家里看看，爸爸、妈妈肯定已经和好了。"天天半信半疑地问："是真的吗？"

案例2

小明是个脾气火暴的男孩，在幼儿园的时候，经常因为一个玩具跟小伙伴打架，这让老师很头痛，老师经过家访了解到，原来小明的父母总是吵架。

小敏的爸爸妈妈都是上班族，因为工作都很忙，心情都不是很好，常常发生口角，从最初的沟通，慢慢发展到争吵，最后变成严重的冷战和对立。

小明刚开始感到很困惑、恐慌、静静地呆坐在沙发上，慢慢地不以为然，最后逐渐接受了父母争吵和粗暴的行为，自己也变得喜欢发脾气。

从以上两则案例中，我们可以看到，父母当着孩子的面吵架，对孩子造成的伤害是多方面的，要么让孩子感到恐慌，要么让孩子在耳濡目染中逐步形成火暴的性格，容易发脾气。

相对于成人来说，孩子的心理承受能力很差，如果经常处在这种环境中，对孩子的智力和身体发育都会有不良影响。父母在孩子面前吵架，还会破坏父母的形象。吵架时双方互相指责。当孩子不愿意听从某

一方时，便会利用双方的弱点和缺陷来反抗。父母如果经常吵架，就会常常疏忽冷落孩子。父母处于极度的情绪紧张状态中，从而也造成孩子情绪紧张，妨碍了孩子正常的情感发展，还会导致孩子模仿父母的不正常行为，使以后的家庭生活受挫或社会适应不良。

有的家长还利用孩子来反对另一方，在孩子面前诉说另一方的缺点和不足，这种做法也是错误的。这等于把孩子也卷入家长的战争之中，对于年幼的孩子来说，根本不能理解这是怎么回事，只能在心灵上留下深深的创伤。若真的无法避免吵架，请等孩子入睡后，或孩子不在的时候沟通、解决。

夫妻吵架后母亲的眼泪，也绝不要让孩子看到。父母其中一人的离去及父母间的恶言责骂，都会给孩子留下阴影。有时，父母也会像个孩子，因为一件小事，就在孩子面前忍不住吵了。而后呢？怎么让自己从愤怒的情绪里解脱出来？

其实，吵架会不会给夫妻之间，给孩子带来消极影响，取决于夫妻吵架以后解决矛盾的方式。现代婚姻专家发现，夫妻吵架的直接原因往往是生活中的小事。既然如此，就没有必要一定要想办法避免吵架，因为从来不吵架的夫妻往往是害怕彼此意见不合。吵架以后怎么解决矛盾，才会真正对夫妻和孩子没有影响？最好的办法是：夫妻吵架和好后，让孩子看不到争吵对父母的感情有什么实质上的影响。

解决问题的原则比吵架的原则更容易遵循和掌握，因为，人平静下来的时候，就更容易注意到自己在说什么、做什么。

父母吵架是在所难免的，但是要尽量减少吵架的次数，特别是不能在孩子面前吵架。这个时候的孩子，正是身心发展的重要时期，父母的

吵架会给孩子幼小的心灵带来伤害，也会影响孩子的学习。所以，请每个父母给孩子多一点关爱、多一点温暖，少一些无谓的争吵。

专家告诫父母，让孩子生活得有安全感是父母的责任，家长相互攻击、谩骂对孩子心理造成的负面影响将难以弥补。如果夫妻间确实有矛盾需要解决，父母必须考虑孩子的心理感受，尽量控制情绪，不要随意发泄。

其实，即使是在和睦的家庭中，夫妻之间也难免会争吵，甚至互相指责。尽管这常被看作小事一桩或正常现象，但却不能忽视，因为它会给孩子的心灵留下难以弥补的创伤。如果孩子在场，最明智的方式莫过于心平气和地各抒己见，化干戈为玉帛，以理服人。因此，父母不要在孩子面前吵架，要互相谦让，让孩子有一种和谐安定的归属感。

教导孩子掌握几点宣泄怒气的方法

任何人都有坏脾气，孩子也是，父母需要帮助孩子找到宣泄坏情绪的方法，儿童心理学专家建议，父母可以教导孩子学会以下方法。

1.能量排泄法

对不良情绪所产生的能量可用各种办法加以调整。例如，你可以告诉孩子，当生气和愤怒时，可以到空旷的地方去大喊几声，或者去参加一些重体力劳动，也可以进行比较剧烈的体育活动，把心理的能量变为体力上的能量释放出去，气也就顺了。

俄国大文豪屠格涅夫曾告诫人们：当你暴怒的时候，在开口前把舌

头在嘴里转上十圈，怒气也就减了一半。上海有位百岁老人苏局仙的经验是：一是把烦恼的事坚决丢开，不去想它；二是最好和孩子们一块玩一玩，他们的童真会给人带来快乐，消除烦恼；三是照一照镜子，看看自己暴怒的脸有多丑，不如笑笑，我笑，镜中也笑，苦中作它几次乐，怨恨、愁苦、恼怒也就没有了。

2.语言暗示法

达尔文说过："人要是发脾气就等于在人类进步的阶梯上倒退了一步。愤怒是以愚蠢开始，以后悔告终。"

语言是人类特有的高级心理活动，语言暗示对人的心理乃至行为都有着奇妙的作用。当不良情绪要爆发或心中十分压抑的时候，可以通过语言的暗示作用来调整和放松心理上的紧张，使不良情绪得到缓解。

当然，这对于儿童来说有一定的年龄限制，对于太小的孩子来说，可能无法理解心理暗示的具体含义与操作方法。而对于有一定知识基础的儿童，你可以告诉他：当你将要发怒的时候，可以用语言来暗示自己："别做蠢事，发怒是无能的表现。发怒既伤自己，又伤别人，还于事无补。"这样的自我提醒，就会使心情平静一些。

3.环境调节法

大自然的景色，能扩大胸怀、愉悦身心、陶冶情操。

你可以带领孩子到大自然中去走一走，对于调节人的心理活动有很好的效果。你可以让孩子知道，心绪不好或心理压力大，郁闷不乐时，千万不要一个人关在屋子里生闷气，苦恼自己。而应该走出去，到环境优美、空气宜人的花园、郊外，甚至是农村的田园小路上去走一走，舒缓一下心绪，去除一些烦恼。

4.请人疏导法

人的情绪受到压抑时，应把心中的苦恼倾诉出来，如果长时间地强行压抑不良情绪的外露，就会损害人的身心健康。特别是性格内向的孩子，光靠自我控制、自我调节还远远不够，你可以引导孩子倾诉自己的苦恼，并给孩子以指点。

你可以告诉孩子，有些事情其实并不像当事者想得那么严重，然而一旦钻进牛角尖，就越急越生气，如果请旁观者指导一下，可能就会豁然开朗。还有一些时候是这种情况，对于你来说，是耿耿于怀、难以气平的事，而别人却完全不了解、不体会。即便是这样，你把苦恼倒出来后，也会感到舒服和轻松。这时别人即使不发表意见，仅是静静地听你说，也会使你得到很大的满足。别人的理解、关怀、同情和鼓励，更是自己心理上的极大安慰，尤其是遇到人生的不幸或严重的疾病，更需要别人的开导和安慰。

5.自我激励法

自我激励是人们精神活动的动力之一，也是保持心理健康的一种方法。

你可以告诉孩子，在遇到不顺心的事而想发脾气之前，要善于用坚定的信念、伟人的言行、生活中的榜样、生活的哲理来激励自己，使自己产生同痛苦做斗争的勇气和力量。

6.创造欢乐法

心绪不佳，烦恼苦闷的人，看周围一切都是暗淡的，看到高兴的事，也笑不起来。这时候如果想办法让他高兴起来，笑起来，一切烦恼就会丢到九霄云外了。笑不仅能消除烦恼，而且可以调节精神，促进身体健康。

相信以上办法能帮助孩子及时排解内心的坏脾气，使其以健康、积极的心态和饱满的情绪重新面对学习与生活！

帮助孩子改掉坏脾气，拥有迷人的个性

脾气，是日常生活中普遍心理现象之一。每个人都有脾气，一些孩子脾气急躁，遇事容易冲动，特别是对一些不顺心或自己看不惯的事，常常容易生气或怄气，有时还同人家争吵，说出一些使人难堪的话，或影响同学间团结，或影响家庭的和睦。

人的脾气有好有坏。脾气好的人无论到哪里，都会受到欢迎，别人喜欢同他合作、共事；脾气不好的人，则常常给自己和别人带来苦恼，使别人觉得难以与之相处。

人的脾气的好与坏，与人生活和学习的环境有很大关系。温顺、平和、忍耐等好脾气，往往同和睦温暖的家庭环境以及良好的教养有密切的联系；而暴躁、倔犟、怪癖、任性等坏脾气，则常常与娇生惯养、过分溺爱或得不到家庭温暖、父母的要求过于严厉有关。

孩子脾气好是有修养的表现，而培养孩子良好的脾气，比用服装和打扮来美化他，要具备更高一层的境界。一个脾气暴躁的孩子，很难想象他在未来能有什么美好。那么，我们该怎样通过培养孩子的良好修养来达到控制孩子脾气的目的呢？

1.帮助孩子认识到坏脾气的危害

父母要让孩子明白，我们在社会生活中，总要同其他人接触和交往，希望得到别人的好感、友情、赞赏、合作，否则，就会感到孤独、寂寞，寸步难行。人的行为是受意识调节和控制的，孩子认识到坏脾气的危害，便可从内心产生改掉坏脾气的愿望。

2.引导孩子多看书、多思考

孩子的修养并不是一两个月可以改变的，这需要长时间的修养和熏陶。

例如，我们很久没见一个人，会说他变了一个样，其实就是周围生活熏陶出来的。引导孩子多读书总有好处。书读得少的话其他练得再多也还是没有内涵。

3.给孩子一个好的生活环境

一个好的生活环境、好的心态，才能培养出孩子好的气质修养。

4.增强孩子的阅历

不一样的成长环境会造就不一样的人，一个孩子的阅历、学识，对自己的了解程度，都会对修养有一定的影响。

5.让孩子学会控制住自己的情绪

情绪的自控能力是孩子自制力的重要方面。

（1）让孩子学会宁静。发现孩子放松自己的方法，鼓励他运用这些方法放松自己，特别是在他放学后或者非常活跃之时——这些时候，他可能认为自己很难"着陆"。

（2）警惕不要让那些真正需要安静、喜欢独处的孩子，随着时间的流逝而变得离群索居。注意观察他可能出现的任何"孤独"的征兆。

（3）如果你的孩子有太多的时间独处，建议他参加某个体育或者社交俱乐部或青年团体。

（4）孩子的忌妒、愤怒、沮丧以及怨恨的感受，应该是可以接受

的，而不应该遭致惩罚或拒绝。不过，虽然可以有这样的感受，但不能因此而伤害他人。这时候可以帮助他提出要求。例如对他说："我想你现在很伤心难过，给你一个拥抱，你会觉着好点吗？"

（5）给每个较小的孩子配备一本感受日志，让他们在固定（或者自由）的时间里，写下他们对作品、学校、事件或人物的反应。

（6）情绪表达需要特别的词汇。他必须知道他可以选用哪些语词来表达自己的感受，而且，如果这种信息以恰当的方式告知他们，他们会非常乐意拓展自己的语汇，以替代那些咒骂性的语言。

（7）给出一些不完整的句子，让孩子去补充完成。例如："当……的时候，我最幸福""当我生气的时候，我……""当……的时候，我感觉自己非常重要""当……的时候，我感到沮丧""当……的时候，我可能选择放弃""当我被训斥的时候，我想……"

（8）在没有压力的寻常时间里，找个机会开诚布公地告诉他，在他需要的时候，家永远是他的庇护所。

一个人的修养必然会带来气质上的变化，所以，如果父母希望自己的孩子成为一个仪态端庄、充满自信、能吸引别人的人，就要让孩子学会管理自己的情绪，就要不断提高孩子的知识、品德修养，不断丰富他们的人生阅历。

让孩子学会善待和理解他人

我们都知道，每个人都是社会的一分子，善待他人，是做人的一个重要部分。一个人如果在社会上不知道怎么去善待他人，他将很难在社会立足。善待他人包含的内容很多，其中有：多一些友善，少一些怨恨；多一些宽容，少一些苛责；多一些友爱，少一些仇恨；多一分理解，少一分埋怨。父母教会儿童学会善待他人，能帮助孩子从根源上提升情绪管理能力，从而控制自己的怒气。

我们发现，那些懂得善待他人的孩子，在学校里会善待同学，会理解、关爱他人，尊重老师的劳动成果；在家庭里会善待家人、尊敬长辈、尊老爱幼；在社会上会善待周围的人，对待需要帮助的人，也不会麻木不仁，会热情伸出友爱的双手。这样的孩子才会以健全的人格和良好的品质获得他人的赞同，拥有良好的人际关系。相反，我们也可以发现，那些总是喜欢发脾气、容易愤怒的儿童，则缺乏善待他人的品质。

为人父母，培养孩子，不仅要磨炼孩子的意志，更要孩子懂得爱人、理解人，善待人，正确地与人相处。可以说，这是决定孩子在未来社会生存状况好坏的重要因素。

那么，家长应该怎样培养善待和理解他人的孩子呢？

1.父母应该以身作则，善待周围的每一个人

善待他人要从点滴小事起步，从细微处入手，这样才能教育孩子不以善小而不为，不以恶小而为之。

洋洋的父母离异了，他随母亲过。有一次洋洋的母亲和老师谈到她儿子的教育问题。老师说："你现在和洋洋的父亲离婚了，你还跟你前夫的家人来往吗？"她说："基本上不来往了，但我碰见我公婆还是要主动问候的，毕竟离婚是夫妻双方的事，与对方父母没有根本的利害冲突。何必把关系搞得那么僵？抬头不见低头见，好聚好散嘛……""我

这样做主要是为孩子着想，要给孩子做出一个样子。逢年过节，我还是要让孩子去看爷爷和奶奶的，我要教育孩子一定要善待他人……"

可以说，洋洋的母亲是一个大度的人，许多人分手以后，一般都躲着对方的父母，绕开对方的家人，甚至视对方的父母为仇人。而她没有，这对孩子起到了很好的榜样作用。家长要让孩子善待他人，就要从自身做起，和周围的人和谐相处。

2.让孩子学会换位思考，也就是要理解对方，理解爱

每个人都有自己的情感世界，都希望得到别人的理解，也希望理解别人。家长要告诉孩子，如果从对方的角度考虑问题，情况会怎样。这样孩子就会理解他人，理解是一座桥梁，是填平人与人之间鸿沟的石土。

3.让孩子学会包容别人

生活中，孩子之间难免会有碰撞。他们年轻气盛，争强好斗心较重。常为一点小事争得不相上下，自己做错事，不检查自己，而是一味地找别人的不是，缺乏的就是一种宽容。家长要教育孩子"退一步海阔天空"的道理，宽容使事情变得简单，而苛刻则会把事情变得复杂。

可以说，善待他人不仅是做人必备的美德、修养，也是衡量一个人层次高低的标准。人际交往中离不开你我他，更离不开善待。善待他人，也就赢得了尊重，尊重别人也是尊重自己。家长在培养孩子的时候，要引导孩子如何去善待他人，爱别人，在点点滴滴中学会爱，别让孩子成为一个自私鬼和愤怒的小鸟！

第4章

悲伤情绪：为何你的孩子总是很悲观

　　和愤怒一样，悲伤也是人的四大情绪之一，儿童虽然无忧无虑，但并不代表他们只有快乐、没有悲伤的情绪，所以孩子也有悲伤的权利，而父母要认识到，孩子悲伤时需要家长的安慰、呵护和引导，帮助他们找到最佳的方式宣泄悲伤。家长需要在日常生活中着力培育孩子积极乐观的心态，因为一个乐观开朗的人，无论面对什么样的生活，都有能力重新开始。即使在地狱中，也能重新走入天堂。对于任何一个人来说，这是比什么都重要的财富。

孩子也有悲伤的权利

人都是情绪化的动物，我们每天都会经历各种各样的事情，自然也会产生诸多不同的感受，或高兴、或欣喜、或悲伤、或愤怒等，偶尔觉得生活美满，偶尔又觉得工作压力大。这就是情绪，它存在于每个人的心中，而且在不同时期、不同场合产生着奇妙的效果。可以说，我们的生活、学习和工作，随时都被情绪影响着。想必我们都有这样的体会：当我们心情愉悦时，精神劲儿十足，就连平时不愿从事的烦琐的家务事也都主动去做，看什么人都觉得顺眼，即使对方是你曾经讨厌的人；而当我们心情不好时，就会食不知味，甚至夜不能寐。情绪的影响力由此可见。

而对于孩子来说，他们更不善于管理情绪，开心了就手舞足蹈，悲伤了就哭泣。对于大部分父母来说，更希望看到孩子开心地笑，而不"允许"孩子哭泣和难过，但即便如此，孩子也有悲伤的权利。

在我们眼里，儿童似乎都是无忧无虑的，但其实，孩子正是因为单纯善良，才更是情绪化的，哪怕芝麻绿豆的一件小事，都能激发他们的坏情绪。在人的四大情绪中，悲伤是最容易被我们忽视的。也有一些父母认为：孩子没事就喜欢哭，有什么大惊小怪的。即使孩子大哭，他们也会想：没事，一会儿就过去了。但事实上，孩子是缺乏自我情绪调控能力的，如果孩子的心一直被悲观的情绪笼罩，不仅影响孩子的身心健康，还会对孩子以后的性格造成不利的影响，甚至还会引发孩子的懦弱、自闭、抑郁等。所以，父母一定要对孩子的悲伤情绪重视起来，带领孩子走出悲观的阴霾，让他们重获快乐。

不得不说，教育子女，是一门大学问。至今尚未发现任何方式，能够比关怀和赏识更能迅速刺激孩子的想象力、创造力和智慧。孩子都是在不断的鼓励中坚定自己做事的信心的。

当然，家长在鼓励孩子、带领他们走出悲伤情绪前，首先要弄清楚孩子为什么难过、悲伤，然后才能对症下药。严格地说，孩子悲伤、难过乃至哭泣，都是他们负面情绪的一种宣泄方法，并且，孩子随着年龄的增长和与外界接触次数的增多，引发他们悲伤的因素会越来越多，如人际关系、失去感、挫折等，都可能让他们感到难过，这个时候家长就应该重视、想办法纠正了。

作为父母，在日常生活中，要多鼓励孩子走出负面情绪、走出悲伤，让孩子体验胜任感，从而体验成功。为了发现、发挥孩子的潜能，我们应该培养积极乐观与自信的孩子，让孩子走出精彩的人生！

父母感情不和，孩子更易悲伤

艳艳是个可爱的女孩，现在的她已经10岁了，谁初次见到她，都会忍不住和她多说几句话，但接下来，艳艳就会表现出很悲伤的样子，甚至你怎么逗她，她都不笑，于是，很少有小伙伴愿意和她玩。

其实，艳艳很可怜，她刚出生，父母就离婚了，爸爸把她交给保姆带，而这个保姆除了定时给艳艳做饭外，也不怎么和艳艳说话。现在的艳艳已经形成一种悲观的性格，她渴望被人关心，渴望和人说话。

从心理学的角度来分析，艳艳之所以会容易悲伤，和父母对她的教育有极大关系，她的父母没有给她足够的爱，正是因为对爱的渴望让她养成了这种性格。

其实，孩子是脆弱的，他们犹如一张白纸，父母给他们怎样的成长环境，他们就会有怎样的个性、性格。只有细心地呵护，孩子才会以积极阳光的心态、自信的精神面貌对待生活中的任何事。有人说得好"家是能够培养孩子的自信心的地方，家能够提升孩子的自信心，增强孩子的自我价值感。但是让他受到伤害，让他自信心低落，让他没有自信心的也是家庭。"所以，培养积极乐观与自信的孩子，父母的责任重大。

任何父母都希望自己的孩子能养成一个好性格，因此，他们对于培养孩子的性格加倍重视。然而，很多父母存在这样的误解，孩子的性格培养，应该在孩子懂事——也就是五六岁后开始，实际上，这是不科学的。等到孩子五六岁才意识到要培养孩子的性格，就已经错过了孩子性格培养的最佳时期。

那么，什么时间才是培养孩子性格的最佳时期呢？应该是童年时期。

对于任何一个人来说，0～6岁都是大脑发育最快的阶段，也是可塑性最强的阶段。父母要认识到，孩子的性格也会在这一阶段得到初步的奠定，外界的任何刺激都会在孩子大脑里留下痕迹，并深入到他们的内心，进而影响他们的性格。

我们不难看出，小时候的性格教育对孩子来说有多么重要。另外，

这一点也是有科学依据的。因为在孩子小的时候，他们对外界世界是充满好奇的，接受能力也很强，也有着很强的可塑性，父母对他们的教育自然会对他们的心理和行为产生影响。

儿童心理学专家更提出，对于夫妻感情不和甚至是离异的家庭，孩子更脆弱敏感乃至容易悲观，那么，在孩子小的时候，家长应该如何为孩子塑造好的成长环境呢？

1.给孩子一个祥和的家庭氛围

"你滚吧！想去哪里就去哪里！"这是家庭冲突爆发时家长对孩子常说的一句话，父母与子女都唇枪舌剑、互不相让。有些父母利用孩子依赖性强的特点，动辄就用这句话来恐吓孩子，发泄心中的不满。不少任性要强的孩子，实在无法忍受父母的嘲讽被迫离家出走，这些无疑让孩子产生了一些坏心态：消极、悲观、自卑、浮躁、骄傲、自大、贪婪、偏执、嫉妒、仇恨等，它们就恰似愁云惨雾的阴霾，浓烟滚滚的烈焰，消磨孩子的意志，炙烤孩子的心魂。

相反，相互关爱的家庭，孩子会多一份责任感，会体会到家长的艰辛，这样的孩子往往是积极向上的。

2.教育孩子正确对待与他人的摩擦

在多数情况下，孩子不良心态的出现是在与人产生矛盾时产生的，如仇恨，这时的孩子会对自己受到伤害有一种宣泄反应，如东西被他人偷走、走路不小心被他人撞倒等，往往就会记仇。父母应教育孩子以善良之心看待与他人的摩擦，让孩子明白生活中难免会发生不愉快的事情，让孩子学会宽容他人的过失，不要为这些小事而嫉恨别人。如果孩子与小伙伴发生了矛盾，这时父母也不能劈头盖脸地训斥一通，或袒护

自己的孩子，而要耐心地进行说服教育，教孩子用谦让的态度来解决小伙伴之间的纠纷，并应明确这样做的恶劣后果，孩子一般都有害怕失去父母的爱、失去小伙伴的心理，这样就会促使孩子改掉自己的不良言行。

3.主动出击，帮助孩子树立正确的价值观和人生观

可以让孩子在假期进行一些社会实践活动，通过磨炼孩子的身心，获得积极的心态。

心态造就品质人生，在孩子成长初期培养积极的心态，如积极、乐观、自信、平和、谦逊、勤勉、知足、取舍、宽容、豁达等，父母的教育就恰似甘霖一样洗涤掉孩子内心的每一处尘垢，这会使他受益终身，成为蕴藏在他内心深处取之不尽的资本！

警惕抑郁，别让它吞噬孩子

对于儿童期的孩子来说，他们是一个特殊人群，经历着身心各方面的急剧变化。一方面，在神经内分泌的调节下，其生长速度明显加快；与此同时，其心理变化也极其迅速。家庭的气氛、家庭成员之间的关系在很大程度上会影响孩子性格的形成。作为父母，我们一定要注意孩子的身心发展，其中，抑郁心态就成为儿童健康成长的重要障碍。

明明曾是那么充满活力的一个孩子，学习成绩一流，还是学校排球队的队长。他在教学楼的走道里，停下来向每个他认识的老师和同学问好，仍然可以快速地准时在上课之前赶到教室。但现在，他却不再问候任何人，动作也不再敏捷。他看起来并没有病，他说自己没有精力，总

是莫名其妙地难过。在快要考试的这段时间，他也不能集中注意力。后来经心理医生诊断，他患了抑郁症。

和明明一样心理抑郁的儿童并不少见，抑郁的表现形式各有不同，对孩子影响最普遍的形式有以下几种。

（1）大部分时间感到沮丧或忧愁。

（2）缺乏活力，总是感到累。

（3）对以前喜欢做的事情缺乏兴趣。

（4）体重急剧增加或急剧下降。

（5）睡眠方式的巨大改变（不能入睡、长睡不醒或很早起床）。

（6）有犯罪感或无用感。

（7）无法解释的疼痛（甚至身体上没有任何毛病）。

（8）悲观或漠然（对现在和将来的任何事情都毫不关心）。

（9）有死亡或自杀的想法。

生活中，一些孩子也可能出现其他症状。由于缺乏学习兴趣和动力，他们在学校的问题会越来越多。他们也可能拒绝管教，开始大量饮酒或使用毒品，以此来表示他们的愤怒和漠视。总之，任何形式的抑郁都使孩子感到孤立、恐惧和非常不快乐。抑郁的孩子不知道自己哪里不对，他只知道自己的感觉糟透了，不像以前的自己。当他感觉越来越糟的时候，他会感到自己越来越没有力量：不能控制自己的心情和生活，好像有一种神奇的东西在控制自己。

可见，抑郁这种消极心态对孩子成长的影响，家长帮助孩子赶走抑郁刻不容缓。那么，家长应该怎样做呢？

1.让孩子爱好广泛

开朗乐观的孩子心中的快乐源自各个方面，一个孩子如果仅有一种爱好，他就很难保持长久快乐。试想：只爱看电视的孩子如果当晚没有合适的电视节目看，他就会郁郁寡欢。孩子是个书迷，但如果他还能热衷体育活动或饲养小动物，或参加演剧，那么他的生活将变得更为丰富多彩，由此他也会更快乐。

2.引导孩子摆脱困境

即使天性乐观的人也不可能事事称心如意，但他们更容易从失意中奋起，并把一时的沮丧丢在脑后。父母最好在孩子很小的时候就着意培养他们应付困境乃至逆境的能力。如果一时还无法摆脱困境，可教育孩子学会忍耐和随遇而安，或在困境中寻找另外的精神寄托，如参加运动、游戏、聊天等。

3.让孩子拥有自信十分重要

一个自卑的孩子往往不可能开朗乐观，这就从反面证实拥有自信与快乐性格的形成息息相关。对一个智力或能力都有限，充满自卑的孩子，父母务必多多发现其长处，并审时度势地多做表扬和鼓励，来自父母和亲友的肯定有助于孩子克服自卑、树立自信。

4.不要对孩子"控制"过严，不妨让孩子在不同的年龄段拥有不同的选择权

例如，允许2岁的孩子选择午餐吃什么，允许3岁的孩子选择上街时穿什么衣服，允许4岁的孩子选择假日去什么地方玩，允许5岁的孩子告诉家长买什么玩具，允许6岁的孩子选择看什么电视节目……只有从小就享有选择"民主"的孩子，才会感到快乐自立。

5.鼓励孩子多交朋友

不善交际的孩子大多性格抑郁，因为享受不到友情的温暖而孤独痛苦。性格内向、抑郁的孩子更应多交一些性格开朗、乐观的同龄朋友。

6.教会孩子与他人融洽相处

与他人融洽相处有助于培养快乐的性格，因为与他人融洽相处者心中较为光明。父母可以带领孩子接触不同年龄、性别、性格、职业和社会地位的人，让他们学会与不同的人融洽相处。

当儿童出现一些抑郁症状时，家长应引起重视，多鼓励孩子，发现并表扬孩子的优点，树立孩子的自信心。家长可为孩子选择幽默、笑话、歌舞等类的影视节目或图画书，建立轻松愉悦的生活环境。让孩子记录自己的优点，记录一些愉快的事情，并每天拿出来看一看，有助于建立自信和培养良好的情绪。

鼓励孩子哭出来，释放心中苦楚

刘太太是个细心的人，她发现女儿小菲最近好像有点不太一样，总是闷闷不乐，在一个周末，还和小时候一样，母女俩又来到公园跑步，休息的时候，刘太太对小菲说："能跟妈妈说说你最近怎么了吗？"

"没事。"

刘女士知道女儿没有敞开心扉，于是，继续引导："没关系，小菲，你不想说，妈妈也不逼你。但你这样一天闷闷不乐的，不仅影响学习，对自己身体也不好啊。不妨发泄一下。"

"妈妈，其实我特别想哭，真的好委屈。"小菲眼睛已经湿润了。

"哭吧，你是妈妈的孩子，想哭就哭出来，在妈妈面前没什么丢人的。"

刘女士这么一说，小菲真的一下子眼泪掉了下来，一边哭一边说："妈妈，我们班那个同学，竟然在我背后说我坏话，说得很难听，我又没有对不起她。有一天，我去卫生间，结果她正和几个女生在里面嘀咕，恰好都被我听到了，她为什么要这样对我。"

"那的确是她不对，但小菲，你想想，人生就是这样，无论我们做得怎么样，总有不喜欢我们的人，对吗？遇到这样不顺心的事，你可以暂时停止学习，因为这时候学习是没有效率的，心事还会郁结。不妨放松一下，有一些小窍门会起到立竿见影的效果，如深呼吸、绷紧肌肉然后放松、回忆美好的经历、想象大自然美景等，还可以去上网、爬山、聊天、听广播、看电视甚至蒙头大睡，这样既可以暂时转移注意力，也可以缓解大脑的缺氧状态，增强记忆力。这些方法都可以释放内心的不快。还有，哭出来也是宣泄悲伤的好方法，不过，你也要明白，没有一个人是绝对受欢迎的，你不必太在意。"

"谢谢妈妈，我知道该怎么做了。"

果然，小菲又和以前一样，脸上总挂着笑脸，学习也有劲儿了。

的确，在孩子和周围人相处与交往的过程中，难免发生一些不快，让孩子陷入悲伤情绪中。对此，父母一定要帮助孩子找一个发泄的出口，否则，很容易影响身心健康。而其中，哭泣就是一种很好的宣泄方法。

哭是有益健康的。由情绪、情感变化而引起的哭泣是机体的正常反应。孩子也会遇到伤心事，对此，家长也不必压制，告诉他们不必强忍泪水，那样只会加重自己心理的负担，甚至会憋出病来。

生活中，一个人在心情不好时，周围的人都会劝："没事，笑一笑。"很少有人劝其"哭一哭"。而实际上，真正能起到释放人的内心压抑情绪的方法是哭泣，而不是笑。

心理学家曾经做过这样一个实验：心理学家将一群人分成两组，一组是血压正常者，一组是高血压者，心理学家分别问他们是否哭泣过。结果表明，血压正常的这些人中，有87%的人偶尔哭泣过，而那些高血压患者却说自己从不流泪。这里，我们发现，让人类情感抒发出来要比深深埋在心里有益得多。

心理学家克皮尔曾经对137个人进行调查，并将这些人分成健康和患病两个组。患病组内的这些人患的都是与精神因素有密切关系的病——溃疡病和结肠炎。调查发现，健康组哭的次数比患病组较多，而且哭后自我感觉较之哭前好了许多。

接下来，克皮尔继续研究，他发现，人们在情绪压抑时，会产生一种活性物质，而这种物质是对人体有害的，而哭泣会让这些活性物质随着泪水排出体外，有效地降低了有害物质的浓度，缓解了紧张情绪。有研究表明，人在哭泣时，其情绪强度一般会降低40%。这解释了为什么哭后感觉比哭前好了许多。

美国生物化学家费雷认为，人在悲伤时不哭有害健康，属于慢性影响。他的调查发现，长期不哭的人，患病率比哭的人高1倍。悲伤会加剧神经紧张，而当这种紧张被长期压抑而得不到释放时，便会集聚起来，最终导致神经系统紊乱。久而久之，会造成身心健康的损害，促成某些疾病的发生与恶化。而哭泣则能提供一种释放能量、缓解心理紧张、解

除情绪压力的发泄途径，从而有效地避免或减少此类疾病的发生和发展。

我们应该看到哭泣的正面作用，它是一种常见的情绪反应，对人的身心都能起到有效的保护作用，因此，当孩子遇到了某种打击而不知所措时，可以鼓励他不妨先大哭一场，告诉他不要害怕别人的眼光，哭没什么见不得人的。

让孩子知道父母永远是他的依靠

人活于世，都需要一种归属感，人们强烈地希望自己归属于某一组织或者个人。而对于一个孩子来说，最初的需求是感受到来自父母的爱。随着他不断成长、与社会的接触逐渐增多，他的归属感就更强烈，但在与人交往的过程中不免受到伤害，如被人不留情面地批评。被人排斥、压力过大或者精神极度疲劳时，难免产生悲观情绪。此时，父母要让孩子知道你永远是他的依靠，永远是他的港湾。

在成人承认受伤时，或许可以一笑了之，但孩子是脆弱的，需要父母用心庇护，让孩子在失意、落魄的时候走出心理阴影，否则，他就可能到别的地方寻求归属感。他可能去向那些根本不想取悦他的人寻求庇护，并可能通过危险的非法方式获得乐趣和身份，那么，后果将不堪设想，很多儿童离家出走、误入歧途就是因为得不到父母的认同和慰藉。

那么，家长具体应该怎样去增强孩子的家庭归属感呢？

1.和孩子保持交流

交流沟通能力在促进人们社交健康、情感健康和个人成功方面起着

关键作用。如果父母不与孩子交谈，意味着缺乏兴趣，孩子可能将之理解成对他的忽视。所以，家庭中的沉默会给他的自尊、自我价值感以及他对未来家庭关系的信任带来毁灭性的影响。

孩子在生活中受挫的时候，需要父母的鼓励，否则会导致他严重的受挫感。家长如果接纳孩子的感受，那么，他就可能学会接纳、控制、喜欢或者应对自己的感受。另外，家长也可以帮助他提出要求。

2.做孩子的庇护者

当孩子正处于困难时期，当他再也无法忍受、筋疲力尽无法继续佯装坚强之时，他需要一个藏身之所，某个地方，某个人，成为他最后的庇护所。在这里，他展示真实的自我；在这里——至少在很短的一段时间，没有人要他负责任，他被无条件地接受。在这里，他可以真正放松下来，因为他知道，有人愿意暂时分担他一时的负担，让他得到解脱，是他坚强的后盾。

父母应该成为孩子最后的庇护者，因为父母对孩子非常重要，虽然在某些时候或某种情况下，家长可能觉得自己缺乏足够的情感储备，不能为孩子提供其所需要的慰藉。这个时候，你不用对你孩子说些什么或者做些什么，只要好好考虑一下，除了你与他保持亲近外，他是否还需要你为他做些什么。要让他恢复对自己的信心，其实并不需要付出太多的努力。

（1）当你的孩子请求原谅时，请接受他抛来的橄榄枝，并尽力忘记那些不愉快的事情。

（2）为他提供庇护，并不意味着你永远对那些已经发现的问题行为视而不见、不理不睬。

（3）积极主动，想他之所想——预见他的感受，如果你认为他需要，主动给他以安慰。

（4）在没有压力的寻常时间里，找个机会开诚布公地告诉他，在他需要的时候，家永远是他最后的庇护所。

3.给面临压力的孩子以支持

压力不仅仅困扰着成年人，儿童也是，孩子面临着双重的压力。一方面，他要承受来自自身生活中的事件，如欺凌、学业压力和交友问题的压力；另一方面，他还受到心事重重、缺乏忍耐的父母的间接影响。面对压力，他们可能比成年人更加迷茫。

一位母亲说："我过去认为我女儿挺好的。尽管她孤独了些，但她看起来生活得不错。我的生活也还行。我们之间交谈不多。后来，在进行普通中等教育证书考试的时候，她开始逃避一切事情。如今她不学习，整天关在家里，也不说话。我们的生活真的是一团糟。"

这个女孩的表现就是压力过大造成的，如果你的孩子长时间地难过或者郁郁寡欢，超出了你的预期，或者变得富有攻击性，不愿与人交往，睡眠不安，注意力不集中，或者过分依附他人，这时，他可能正感到痛苦难过，需要你对此采取一些行动，家长必须采取一些慰藉他的行动。此时，及时告知他事情的变化及做出的决定，以便让他感觉到没有失去控制。保持生活的常规不变，以强化他的安全感。

总之，父母要认识到，孩子还是儿童，正如花儿一样，需要父母的精心呵护；只有给予他们足够的爱，他们才会理解爱的内涵，才会积极健康、乐观向上的成长，这不正是父母所希望的吗？做孩子坚强的精神后盾，孩子的成长才有保障！

第 5 章

恐惧情绪：驱赶恐惧，让孩子的心灵充满阳光

有一项关于儿童的调查研究发现，不同年龄的孩子都有其特别害怕的事物，半岁至两岁的孩子害怕陌生人，怕与父母分离；3~5岁的孩子害怕黑暗、独处、狗及想象中的怪物等；6~12岁的孩子则担心闪电、蛇、昆虫、医生等。这些都是儿童恐惧的对象，而专家认为，上述恐惧情形是人成长过程中的自然现象，通常会在短时期内自行消失。然而，如果孩子对这些恐惧的事物超出了一定时间，而且症状无法减轻的话，就需要父母引起注意并采取引导和矫正措施，本章，就谈谈如何应对各种儿童恐惧情绪。

你的孩子是否患有恐惧症

与愤怒和悲伤一样，恐惧也是人类与生俱来的一种情绪，孩子在成长过程中也会出现恐惧情绪，这是正常的。但如果孩子对某一事物的恐惧超出了一定的时间，并且恐惧无法减轻的话，就很有可能是恐惧症了，也就是我们说的儿童恐惧症。

那么，作为家长，我们如何判别孩子是否患有恐惧症呢？可以从以下方面进行评判。

（1）孩子在看电视或者看图画书时看到了害怕的事物时，他是表现得无所谓还是十分害怕呢？

（2）孩子所恐惧的是某个具体的事物、个体还是与之相关的一切事物或者现象呢？例如，害怕蛇还是害怕一切蠕动的爬行动物呢？

（3）当出现孩子害怕的事物后，孩子的生活是很快恢复正常还是受到很大影响？

（4）当你将孩子从恐惧事物发生的现场带走之后，他能很快平复心情，还是对事物一直耿耿于怀、惴惴不安呢？

（5）当恐惧事物出现后，孩子在行为举止、情绪出现很大的波动，甚至丧失某种行为能力吗？

（6）当家长已经为孩子解释过他所恐惧的事物后，孩子是能理智地接纳家长的解释进而解除恐惧情绪还是不管家长如何解释，都无法消除其恐惧？

对于以上六个问题，答案都为"是"或"否"，如果你的答案都是肯定的，那么说明你的孩子对事物的恐惧处于正常范围内，家长无须过多担心，孩子尚处于童年阶段，对事物的理解能力有限，随着孩子的成长和所学知识的增多以及父母的引导，孩子的恐惧情绪自然能得到控制和消除。

而假如你的答案是后者，那么你的孩子很可能患有恐惧症。

儿童恐惧症是指儿童不同发育阶段的特定的异常恐惧情绪。表现为对日常生活中的一般客观事物和情境产生过分的恐惧情绪，出现回避、退缩行为。患儿的日常生活和社会功能受损，并且已有上述表现至少1个月。

可以将儿童恐惧症分为以下几种。

1.儿童社交恐惧症

儿童社交恐惧症是指儿童对新环境或陌生人产生恐惧、焦虑情绪和回避行为。具体表现为以下几个方面。

（1）与陌生人（包括同龄人）交往时，存在持久的焦虑，有社交回避行为。

（2）与陌生人交往时，患儿对其行为有自我意识，表现出尴尬或过分关注。

（3）对新环境感到痛苦、不适、哭闹、不语或退出。

（4）患儿与家人或熟悉的人在一起时，社交关系良好，并且以上表现至少已1个月。

2.儿童学校恐惧症

儿童学校恐惧症属于儿童恐惧症的一种亚型，是心理适应不良的表现，女孩较男孩多见。直接诱因常常是教师过分严厉，对学生态度简单粗暴，甚至实施体罚或变相体罚；学习成绩差；在学校遭到某些挫折或侮辱；师生关系、伙伴关系紧张；家庭发生某些变故，如父母生病、亲人死亡等。主要表现为孩子上学前诉说自己有头痛、腹痛等不适，不愿上学，并伴有焦虑或抑郁情绪。

实际上，不管孩子患上了何种恐惧症，不但对孩子的生活产生诸多影响，也会对孩子日后身心健康产生不利影响。这需要家长引起重视，如果问题严重，以至于家长无法自行引导，就需要寻求专业人士的帮助。

儿童恐惧症的常见表现有哪些

心理恐惧症包括许多，如特殊恐惧症、社交恐惧症等，那么儿童恐惧症的常见表现有哪些呢？

我们先来看看下面的案例：

老李是一个单亲爸爸，带着8岁的儿子生活。这天，老李带着儿子来到了心理诊所，他道出了压抑在孩子心里3年的心病：

3年前，老李一位同窗好友因交通事故突然去世，他带着儿子去殡仪馆吊唁，谁知道，刚到殡仪馆的时候，儿子就感到心口非常的疼，还觉得口干、心慌、胸闷。

随着时间的流逝，老李以为儿子心中的悲痛已慢慢淡化，但儿子告诉他，殡仪馆的那些场景一直残存在他的脑海中。3年来，儿子没有睡过一个好觉，一到晚上，他就感到恐惧，眼睛一合上，所有的场景就会再现，整晚都无法入睡。儿子说，只有有人陪，他才能睡着。然而，他还必须上学，也不可能天天有人陪着他，而他一个人时，要么得开着灯，要么电视通宵播放，这样才不会害怕得那么厉害。

他说，白天人多，又要学习，他不感到害怕。就是到了晚上，房间里冷冷清清的，他的脑子便不由自主地想起殡仪馆的阴森来，以至于无法入眠。

所以这3年来，不管何时何地，只要他看到别人胸戴白花、臂缠黑纱，就会感到胸闷心慌、头昏目眩，有时路过殡仪馆门口也会感到恶心头晕。这件事情已困扰他很久了，所以他才让爸爸带他来看心理医生。

听到老李的陈述后，心理医生告诉老李儿子："任何人都会恐惧死亡，但你的这种恐惧已经影响到了生活，需要进行一些心理调节。不过我还是建议你在家进行自我调节。首先要调整好心态，不要刻意去想'我会不会害怕'；其次睡前可进行一些放松练习，如做做瑜伽；再次，前期可以使用小夜灯'壮胆'；另外，也可养些宠物做伴……"

这里，老李的儿子患上的就是葬礼恐惧症。所谓葬礼恐惧症，指的是患者身处葬礼环境中或看见佩戴白花、黑纱的人，甚至经过如殡仪馆、陵园、灵堂等某一特定区域时所产生的一种恐惧心理。而从这一儿童恐惧症类型中，我们能总结出儿童恐惧症的·些表现。

经典条件反射学说认为，当患者受到某一事件的恐惧性刺激时，当时情景中的另一些并非恐惧甚至无关的刺激，会同时作用于患者的大脑皮层，两者作为一种混合刺激物形成条件反射，以后遇到这种情况，即

使是无关刺激，也能引起强烈的恐惧情绪。案例中的老李的儿子之所以会产生这样的恐惧症，就是这个道理。葬礼是导致恐惧的刺激条件，而类似的白花、黑纱等则属于无关刺激。由于恐惧情景的延伸，白花、黑纱甚至殡仪馆、陵园、哀乐声等也成了恐惧物。

老李的儿子经过父亲好友的葬礼后，心理上便产生了对事件严重性的想象，如担心自己也会那样突然死去，再加上有意回避，拒绝看白花、黑纱等。这在他的心里已经形成了固定的概念，一想到这些事物就感到恐惧，时间越长，这种感觉就越重，今后如果再想以正常心态接触这些事物就非常困难了。

实际上，对黑暗与死亡的恐惧是人的天性，有些人参加葬礼后会有做噩梦、无法入睡的表现，但一般几天后就会自愈。当然，在了解葬礼恐惧症产生的原因后，我们便可以采用行为疗法治疗。著名的哲学家罗素提出过这种缓和恐惧情绪的技巧，即只要你坚持面对最坏的可能性，并怀着真诚的信心对自己说"不管怎样，这没有太大的关系"，你的恐惧情绪就会降到最低限度。

对于葬礼恐惧症，家长最好这样给孩子建议：

对于已经存在的恐惧事件，与其逃避，不如正视它并改变它。观念上要明确，只有面对才能消除恐惧。你必须鼓起勇气去正视白花、黑纱或再去殡仪馆，开始时你可能会有些恐惧不安，但经过几次尝试后，这种恐惧感就会慢慢消失。如果单独练习不能奏效的话，可让你的家人或朋友陪着练习，必要时找心理医生咨询。

当然，儿童恐惧症的患者是非常多的，很多患者患上这种疾病以后，心情都发生了巨大的变化，很多孩子都会出现性格内向、自卑，孩

子根本无法与别人进行交流，常见的症状是非常多的，下面我们就来看看儿童恐惧症的一些常见的症状有哪些。

特点一，性格内向，情绪不稳定。内向者安静、内省、不喜欢接触人；情绪不稳定、易焦虑，对各种刺激的反应过于强烈，情绪激发后，又很难平复。与人交往时，强烈的情绪反应影响他们的正常适应。

特点二，自卑感强。自卑，自我贬低，认为自己缺乏社交技巧和能力，无法与人正常沟通，怕引起别人不好的反应。

特点三，过于敏感。总能从别人的眼光中看出别人对他的厌恶、憎恨。如果需要和陌生人交谈，他会因此而更加紧张害怕。

那么，面对这些情况，父母该怎么办呢？

面对这种情况，需对孩子进行综合治疗，以心理治疗为主、辅以药物治疗（包括系统脱敏法、实践脱敏法、冲击疗法、暴露疗法、正性强化法、示范法等），结合支持疗法、认知治疗、松弛治疗及音乐与游戏疗法一般可取得较好的疗效。对症状严重的孩子可给予小剂量抗焦虑药物或抗抑郁药物。

以上内容介绍的就是儿童恐惧症常见的症状，在生活中发现孩子在晚上睡觉的时候有不正常的表现，出现夜惊或者是哭闹的症状，家长一定要提高警惕。

孩子不敢关灯睡觉怎么办

奇奇今年9岁了，他在学校的人际关系很好，朋友也不少，大家都很

喜欢他，但是奇奇爸爸最近发现儿子好像有点睡眠障碍。

这天，奇奇爸爸和妈妈一起去外地办事了，就把他放到姑姑家。谁知道，到很晚奇奇都不睡觉，后来，奇奇表哥就关灯睡了，可奇奇竟然自己打开手电筒，弄得表哥和姑妈一家莫名其妙，就这样折腾了几晚，奇奇回家去了。

随后，奇奇爸爸意识到儿子的睡眠障碍必须调整，于是，他强制儿子晚上去地下室，谁知道，奇奇竟然昏倒在地下室。

后来，父亲不得不带儿子去看心理医生，在医生的鼓励下，奇奇说出了自己的心里话。原来，一年前，有一次，他和邻居家哥哥一起玩，对方给他讲了一个鬼故事，这个故事说的是一个巨人专门吃10岁以下的小孩子的心，还会喝他们的血、挖他们的眼。听完故事后他满怀恐惧地回家了。

过了几天，他和几个小朋友玩累了准备回家，当时已经快天黑了，奇奇经过一条没有灯的巷子，在巷子里，他发现有个巨大的身影一直跟着自己，他吓得一身冷汗，还没走出巷子，就已经晕倒了。醒来时，他已经在家了，他问父亲："我的心还在不在？"当时，他的父亲没有留意孩子为什么会这样问，只觉得好笑。

再后来，他听说某家住宅的地下室，一对男女曾做了丑事，被人发现，结果女的羞愤自杀。不道德的行为和罪恶的感觉以及黑暗、地下室连在一起，使他产生了对黑暗的恐惧。

故事中的奇奇之所以不敢关灯睡觉，其实是因为他患了开灯睡眠癖。开灯睡眠癖是指在夜晚睡觉时必须开灯，且在睡眠状态下也不能熄灯，对灯光依赖的一种不良心理嗜好。

开灯睡眠癖其病理实质是对黑暗的恐惧。这种对黑暗的恐惧大半是从幼年期开始的。因为在此期间，儿童最爱听有关鬼、神的故事。而通常来说，这类故事的背景、内容及人物又常常是在晚间或平常人所看不到的黑暗中，以显示神秘性。

久而久之，在孩子幼小的心里，便形成了一种心理定式，那就是妖魔鬼怪都是出现在黑暗中的，就形成了对灯光的依赖，不敢关灯睡觉。这是开灯睡眠癖的一个主要原因。此外在某一黑暗的情境中意外遭遇到可怕的事情，或在黑夜做了一个噩梦，这些恐怖的经历未能及时排遣，也可能造成对黑暗的恐惧。

那么，儿童对黑暗的恐惧心理是从何而来的呢？要解释这个问题，就得先了解一下俄国著名的心理学家巴甫洛夫的条件反射理论。他做了一项著名实验：

他在给狗喂食的同时摇响铃铛，并且，在每次喂食时都这么做，在反复重复一段时间后，狗一听到铃铛声就认为应该给它喂食了，嘴里就会分泌唾液。铃声此时就是唾液的一种条件反射。

其实，儿童黑暗恐惧症的产生也是这个道理，原来，孩子对黑暗并不害怕，是因为他们缺乏认知，所以对周围各种事物，一般不会产生恐惧反应。但如果在黑暗中受到某种意外的惊吓，这时黑暗就形成了一个条件刺激，以后再进入黑暗的环境时，孩子就会触景生情，产生恐惧的条件反射。

心理医生建议，对孩子黑暗恐惧症应该这样矫治。

1.认知领悟疗法

对患者进行辩证唯物主义和无神论的教育，从而让他认识到世界上

是不存在所谓的妖魔鬼怪的，所谓的妖魔鬼怪不过是神话而已，而他对妖魔鬼怪的恐惧其实是年幼时期的一种稚嫩情绪的反应，这种情绪的存在才是导致他害怕黑夜的主要原因。

以上例中奇奇故事来说，其实可以告诉他，他在黑暗的巷子里遇到的巨大的身影并不是鬼怪，而是人的影子得到了放大的结果。

2.系统脱敏疗法

根据患者对黑暗的恐惧程度，建立一个恐怖等级表，然后按照从轻到重的顺序，依次进行系统脱敏训练，不断强化，直到能关灯睡眠为止。

例如，对上例患者，先由数人一起关灯谈话，到数人一起关灯静坐，再到二人一起关灯睡眠、再到一人关灯静坐……最后一人关灯睡眠。

当孩子对黑暗产生恐惧时，父母首先要弄清孩子恐惧的原因，然后帮助他克服。一般来说，要注意不要给孩子讲迷信鬼怪的故事，不要用恐吓的手段来使孩子听话。此外，要帮助孩子纠正其对黑暗的种种错误印象。一旦孩子因过度害怕而患了黑暗恐怖症，就要立即寻求医生的帮助，使孩子的身心健康能够正常发展。

儿童也会患上社交恐惧症

我们生活的周围，有这样一些孩子：他们因容貌、身材、修养等方面的因素而不敢与周围的人交往，逐渐产生孤僻心理，甚至开始对与人交往产生恐惧心理。这在心理学上被称为社交恐惧症。可能我们都认为，只有成人才会患上社交恐惧，但是孩子是脆弱敏感的，曾经遭遇社交障碍或者一些生理因素，都有可能导致他们的社交恐惧症。他们在人际交往中感到惶恐不安，并出现脸红、出汗、心跳加快、说话结巴和手足无措等现象。社会心理学家经过跟踪调查发现，在人际交往中，那些心理状态不健康者相对于那些健康者，往往更难获得和谐的人际关系，也无法从这种关系中获得满足和快乐。因此，如果你的孩子也有社交恐惧症，一定要帮助他进行调节和矫治，鼓励他们大胆走出去。

"我特别讨厌和陌生人说话，就连去楼下商店买东西我也不敢，我害怕看他们眼神，也不知道怎么应付，所以一般我都让妈妈去买。前一阵我鼓足勇气去商店买东西，店员跟我说话我太紧张了没听清，走出店以后才发现算错了价格，多收了我几十块钱，但是我犹豫了很 久都不敢走回去跟她说，后来我自己哭了一场，不是心疼钱，而是对自己绝望了。"

"我才10岁，已经深度近视，但平时走在路上，我都不戴眼镜，因为我不想跟熟人打招呼，我并不是不喜欢他们，只是我一说话就紧张、结巴，不知道怎么开口。"

"我学习成绩不好，我的同桌各项全能，成绩优异，我不敢主动找她说话，我生怕她嘲笑我，不愿意跟我做朋友。"

很明显，以上三个孩子都有一定程度的社交障碍，而社交障碍达到一定程度，就是社交恐惧症。社交恐惧症是恐惧症的一种，这种恐惧主要是指在面对正常的社交场合，患者会表现出与周围环境、事物不相符合的恐惧、焦虑情绪。其实就是植物神经功能紊乱的表现，同时会伴有不同程度的心慌、胸闷、头晕、出汗，严重者甚至无法控制大小便。

从心理角度分析，通常认为社交恐惧症患者严重缺乏自信，对自身要求很高，但是却达不到自己的心理预期。儿童心理学专家认为，这

和成长经历有关，有些父母对孩子要求非常严格，无论孩子做到什么程度，给出的都是负性评价，没有表扬的时候，让孩子心理严重受挫。另一个极端就是父母对孩子过于保护，为了不让孩子受到伤害，替孩子包办所有事情，导致他们缺乏锻炼。

此外，如果父母中有一方患有社交恐惧症，或者幼年曾遭遇家庭暴力、父母离异等事件，也会增加孩子社交恐惧的风险。

社交恐惧症会影响人正常的工作和生活，社交恐惧症的患者生活在疾病的痛苦折磨中，无法像正常人那样享受生活的乐趣，那么，我们该如何帮助孩子走出社交恐惧症呢？

1.帮助孩子克服自卑，拥有自信心

有这样一些孩子，与人交往中，他们总是表现得很自卑，甚至躲着他人，走路时低着头，说话只有自己听得见，不愿跟熟人打招呼，不敢正视他人的眼睛，这些表现都是社交恐惧和自卑心理在作怪。要想处理好人际关系，首先就必须克服这一点。

高度的自信心意味着对自己的信任、尊重和肯定，也意味着对自己生活的实力充分地了解。

对此，家长要告诉孩子，要把与人交往当成一种兴趣而不是负担，现代社会，没有人可以活在自我封闭的世界里，每个人只有在与人交往、不断学习的过程中，才会获得自我提高和发展。

2.帮助孩子完善个性品质

家长应该告诉孩子，只要你拥有良好的交往品质，就能受到朋友们的喜欢，慢慢地，心结也就能打开了。"人之相知，贵相知心。"真诚的心能使交往双方感到温暖、真实，真诚的人能使交往者的友谊地久天长。

3.引导孩子培养健康情趣

健康的生活情趣可以有效地消除孤僻心理。闲暇时，家长不妨带领孩子潜心一门学问，或学习一门技术，或者听听音乐、看看书，养养花草等。

4.鼓励孩子与人交往

家长要鼓励和带领孩子多和别人交往，特别是与开朗活泼的同龄人交往，也可以带领孩子参加力所能及的社会公益活动。借助家庭、学校、孩子的伙伴、亲朋好友的作用，给孩子提供良好的社交平台。

5.切忌与同龄孩子对比或辱骂孩子

面对胆小的孩子，家长切忌与同龄孩子对比或者辱骂孩子，而应不失时机地与孩子沟通，给孩子以鼓励和赞扬，帮助并引导孩子努力克服自身的弱点，尽可能避免孩子因胆怯所造成的心理紧张，促进孩子健康成长。

每个人都有社交圈子，结交朋友是不可缺少的社会活动，但是一些儿童患有社交恐惧症，会严重影响孩子正常的学习和生活，每个家长都应该引起注意，做孩子心理健康的守护者。

引领孩子认识死亡，不必恐惧

壮壮今年10岁，这几年，他的心头一直有死亡的阴影，他害怕自己出现心理疾病，于是在妈妈的带领下，他来求助心理医生，在医生的引导下，他说："三年前，爸爸突然车祸去世，前段时间，妈妈的姐姐突

然在家里脑溢血去世，从爸爸走的那一刻我已经开始害怕坐车，害怕亲人出门，坐车怕出车祸，坐飞机怕飞机失事。怕自己死，也怕亲人突然离开，我知道人都会死，但不想再有这样突如其来的消息。到底要怎样才能克服这种恐惧？很多人经历过亲人的离开，但很多人都能在他们最后的时间陪伴他们，这样也好过突然失去一个人，真的无法接受，现在每时每刻我都在担心害怕。总能想到死亡，想到各种各样的危险。要怎么办？"

关于生老病死，自古以来，人们就有很多感慨，谁也无法阻挡死亡的到来。对于一个儿童来说，突然面对亲人的离世，自然难以接受，有的孩子还患上了恐惧症，对此，作为父母，我们要引导孩子走出来，要告诉孩子，人都有生老病死，生活中也总是充满意外和不幸，你能做到的就只有调整好心态，继续上路。

对黑暗与死亡的恐惧是人的天性，有些儿童会在亲友离世时有做噩梦、无法入睡的表现，会对死亡产生恐惧，但一般几天后就会自愈。著名的哲学家罗素提出过这种缓和恐惧情绪的技巧：只要你坚持面对最坏的可能性，并怀着真诚的信心对自己说"不管怎样，这没有太大的关系"，你的恐惧情绪就会降到最低限度。

如果孩子一直被死亡的恐惧笼罩，家长就要引起注意了，要告诉孩子，死亡并不可怕，人类无须对死亡感到恐惧。死亡存在于生命的旅途中，宛如天边的晚霞。死亡引领着一个个生命体消逝于无边的黑暗之中，但它同样是一个个美丽的瞬间，它甚至与生命初来人间时一样绚丽、璀璨……

曾经有这样一篇小说《莫亚的最后一课》，讲述的是一位身患绝症的哲学家教授，真实记录他如何面对死亡的来临。每个星期的某一天，他的学生从四面八方赶来，聚集在他的床头边，听他说或大家一起讨论死亡的课题。如此一来，死亡反而显得不那么可怕了，就算是在他弥留时刻，他以及他的学生，也能坦然面对了。

是啊，至亲的人陪伴身边，我们就不会感到孤单，或是给我们一句亲切的安慰，给我们一个轻吻，给我们一个紧紧的握手……就是如此简单，可能就可以给我们带来很大的安全感，令死亡不至于令人如此恐惧了。

当然，如果孩子对死亡的恐惧真的影响到生活，就要寻找心理医生的帮助，对于这点，专家给出了以下建议：

对于已经存在的恐惧事件，与其逃避，不如正视它并改变它。观念上要明确，只有面对才能消除恐惧。你必须鼓起勇气去正视死亡，开始时你可能会有些恐惧不安，但经过几次尝试后，这种恐惧感就会慢慢消失。如果单独练习不能奏效的话，可让你的家人或朋友陪着练习，必要时找心理医生咨询。

总之，我们要告诉孩子，亲友离世，可能对你产生很大的打击，甚至会恐惧死亡，但消除任何恐惧的唯一方法就是正视它，只有正视才能克服，生命脆弱，人都会生老病死，生与死，都只是人必经的阶段。但谁也无法控制和阻挡死亡的来临，放平心态，坦然接受，就没什么可害怕的。

快速帮助孩子摆脱"开学恐惧症"

生活中，很多家长一到假期就担心，孩子玩性太大，功课荒废了怎

么办？成绩落伍了怎么办？好不容易等到开学了，以为就要省心了，可没想到，一些孩子尤其是年幼的儿童，一进学校就产生焦虑、恐惧等情绪，这让不少家长大伤脑筋。

对此，儿童心理学专家表示，这种因为害怕上学而出现一系列症状是"开学恐惧症"，家长一定要正确引导，帮孩子克服恐惧。

西西今年5岁，是个活泼可爱的小女孩，已经开始读幼儿园了。寒假过去，幼儿园开学，开学没几天西西就把幼儿园老师折腾得够呛。因为一个寒假她都跟爸爸妈妈在一起，一送到幼儿园后就开始哭，每次都是泪流满面。

牛牛比西西小1岁，今年开始读小班，一开始听说要读书了还挺兴奋，但没想到这周一妈妈送去幼儿园，牛牛突然说不想上幼儿园，要跟妈妈上班去，妈妈怎么哄都不行。

其实，西西和牛牛对这种因为害怕上学而出现一系列症状就是所谓的"开学恐惧症"，这一恐惧症在年纪尚小的儿童身上表现尤为明显。另外，他们还会表现出脆弱、胆小、害羞等性格特点，因为过分依赖、害怕与父母分离，从而出现上学困难的情况。由于对陌生人感到紧张和恐惧，孩子更愿意待在家里，难以融入新环境。缺乏独立性格的孩子特别容易出现"开学恐惧症"。

针对"开学恐惧症"，儿童心理学专家给出以下建议。

1.理解孩子的焦虑情绪

对于孩子的焦虑情绪，家长要表示理解，不可批评，更不可打骂孩子，这样只会加重孩子的恐惧，和家长的距离更远了。

另外，家长可以把孩子当知心朋友，与之分享一下自己对于上班的

焦虑，告诉孩子这种情形不可避免，更不能排斥。

焦虑也是情绪的一部分，就像快乐和高兴一样，它们是并列存在的。我们不仅得允许它存在，而且还要接受它的存在。

假期结束了，没必要强迫孩子马上就进入学习状态。很少有人能在这两种模式中自由转换，而这种转换是需要一个过渡期的，只要过渡期不太长即可。

2.帮孩子调整作息，收回玩心

在开学前几天甚至更久时间，家长就要严格按照孩子在学校的作息时间安排孩子的生活，尽可能地让孩子按时起床、睡觉和用餐和学习。

通常来说，孩子在假期的睡觉时间一般比较晚，玩乐的时间也比学习时间多，这都要重点调节。

3.与孩子一起用仪式结束假期

心理学家建议，与我们人生中的很多重大事件一样，帮助孩子终止假期也需要仪式，在假期结束前，家长可以带领孩子一起回忆有趣的假期生活，并尽量做一个书面总结，告诉孩子，当总结做完，意味着假期结束，要开始认真学习了。

4.帮助孩子梳理学习情况

家长帮助孩子想一下自己的寒假作业哪些还没有完成，开学后该加强哪几门学科的学习，最好列出一份详尽的学习计划，提醒自己，新学期开始了。让寒假回忆停留在纸上，画上句号就是一种仪式。

5.提前制订新学期学习计划

进入新学期，学生应该有新的计划和打算，可以在开学前好好计划一下。例如，下学期要提高哪几门课的成绩，在学校超越的目标是什

么，新学期是不是要学一门新特长，等等。计划的内容应让孩子经过努力可以达到，期望值不宜太高，让孩子还没执行就自动放弃。

6.运动是最好的心理调节方式

在开学之初，不妨多给孩子些运动的机会，如步行、慢跑、打球等。学校可以多安排些体育活动，少一点家庭作业。幼儿园则可以活动、游戏为主，学知识的时间适当减少一点。给孩子一个"假期适应期"，逐步适应开学的节奏。

7.饮食调理，缓解孩子的疲劳感

饮食应该以清淡为主，要充分补给孩子富含维生素的饮食，减少脂肪摄入量。少吃油炸食品，以防超重和肥胖。

另外，儿童心理学专家建议，要从小培养孩子独立的个性，不要过度迁就。孩子的事情，最好鼓励孩子自己完成，家长不要全部代劳，要让孩子在生活中得到锻炼，学会自理生活；同时要从小培养孩子的社交能力，多让孩子与外界接触，多参加社会实践活动。家长多鼓励孩子，更容易帮助孩子树立信心；斥责和恐吓只能使孩子更退缩。

其实，孩子的"开学综合征"是正常现象，就像成人放长假后不愿上班一样，只要家长有策略地做好引导，孩子就会很快适应新学期的生活。

第 6 章

自卑情绪：驱赶孩子内心自卑的阴霾

自信是力量的源泉。儿童大部分时间都生活在集体中，很容易将自己和周围的朋友、同学相比，当自己的某一方面不如他们的时候，很容易产生自卑情绪。也有一些儿童，因为遇到一些小小的挫折，就有强烈的挫败感，一蹶不振，自暴自弃，贬低自我。其实，每个孩子身上都有无法代替的优点和潜能，父母要把培养孩子的自信心当成教育孩子的重要方面，挖掘他们的潜能，并鼓励他们发挥出来。

让孩子接受并喜欢自己

每个人都是一个独立的生命个体，都有着无法复制的一些特征，孩子也是如此，而正是这些特征，让孩子在父母心中有着无法替代的位置。一个人只有喜欢并接受自己，包括优点和缺点，相信自己是最棒的，才能在人生的路上勇往直前、无所畏惧。接受并喜欢自己，是建立自信和勇气的前提，而这需要父母的引导，让儿童从小在温馨和谐的家庭环境中成长，给孩子一个阳光积极的心态。

每一个人都需要有自我认同感，对于成长中的儿童也一样。实际上，很多时候，自我认同感的缺失，是父母的教育造成的。例如，从小给孩子贴上"弱者"的标签，把孩子的缺点当成娱乐的对象，对孩子大加指责，等等，都会让孩子有一种"无用感"和"自我否定感"，长期在这种心理状态笼罩下的孩子，是很难有勇气和自信的。

那么，家长该怎样做才能让孩子喜欢自己，然后逐步建立起勇气和自信呢？

1.让儿童喜欢自己的性别

喜欢自己的性别是最基础的，只有先获得身份的认同，才能让孩子以自己的身份生存、生活、与人交往，从而赢得一种自我价值的肯定。

对那些不喜欢自己性别的儿童，家长一定要及时采取措施引导，有位妈妈是这样做的：

"我女儿从两岁时，就希望自己是个男孩，为了让女孩喜欢自己是个女孩，我首先带女儿逛儿童服装店，欣赏女孩服装，看到色彩鲜艳、款式多样的女童装，女儿恨不得让我把所有服装都买回家给她穿。我再带她到外婆家看表哥的衣服，一对比，孩子就发现：男孩的衣服不如女孩的好看。我说：'要是变成男孩了，只能穿和哥哥一样的衣服了。'女儿似懂非懂地点点头。晚上洗澡的时候，我还对她说：'我们女孩还很讲卫生，从来不随地大小便。'洗完澡，我给她穿上漂亮的裙子，让她照镜子，欣赏自己。我说：'做女孩多好哇！妈妈帮你变成男孩吧，把你的漂亮衣服送给别的小朋友吧。''不要！'女儿急得叫了。"

这位妈妈是个有心人，女孩是公主，喜欢自己的公主，才会被人喜欢，才会有勇气和自信去赢得别人的认同。

2.扩大孩子的交友范围，赢得友谊

朋友们认可他，帮助他产生归属感。朋友经常分享他感兴趣的事物，陪他打发时光，为他带来快乐，让他建立身份认同。他会想："和这样的人做朋友，我就是像他们一样的人。"真正的朋友是在对方遇到麻烦的时候，不离不弃，为之提供支持。换言之，真正的朋友，对于他获得身份认同、建立自信、培养社交能力及给他带来安全感，都是非常重要的——如果他的朋友都是良友的话。

孩子与朋友关系密切，朋友几乎就是他个人的延伸。作为父母，一定要明白，拒绝他的朋友，就是在拒绝他本人，这使得你想开口对孩子说他交错了朋友变得格外困难。如果他的朋友想要破坏你的计划，挑战

你的价值观并引发你的担忧，在你采取行动试图将他们排除在孩子的朋友圈之外前，一定要慎重考虑。他们可能确实是正常的孩子，只是想挣脱大人的束缚而已。在你禁止任何事情之前，主动和孩子交谈，因为禁止可能导致事与愿违的后果。

3.在游戏中帮助孩子建立自信

游戏对于一个人建立自尊和自信非常重要。游戏使孩子认识自我，因为通过选择决定玩什么或者做什么、和谁一起玩等，他们可以逐渐丰富自我概念，并获得身份认同——这二者正是建立自尊必不可少的两个步骤。通过游戏，孩子还可以发现自己有能力做些什么，因为游戏有助于培养他们在语言、社交、手工、制订计划、解决问题、协商和身体运用方面的能力，从而增强他们的自信，提高他们社会交往能力。

最后，孩子从事一些有安全保障的独自一人进行的游戏，会使他们逐渐认识到，自己是可以独立完成一些事情的。

总之，父母是儿童人生路上的导航者，孩子在成长中，难免会出现一些负面消极心态，父母要给予及时的排解，培养出一个勇敢、积极的孩子，这是父母给孩子一生最好的礼物！

自卑胆小的孩子脾气会更温顺吗

王女士是个心宽体胖的女性，虽然她比较胖，可是她自信、开朗，人缘关系很好，大家都愿意和她来往。现在她想起当年那些嘲笑自己的小伙伴，一笑而过。

可是最近，王女士仿佛看到了当年那些场景再现：有一天，下班后，她来学校接女儿，就在学校墙角那里，她看到一群高年级男生在欺负女儿。

"小胖妹，又矮又胖，将来嫁不出去咯。"

"这么胖，也跟人家一样穿紧身裤啊，真难看。"

"我见过她妈，哈哈，他们全家都是胖子啊。"

听到这些后，王女士的女儿真的生气了，她捡起地上的木棍，朝这些男生打过去。看到这一幕，王女士赶紧走过去，准备拉女儿走开，但没想到女儿却对她说："都是你的错，把我生这么胖，我才被同学们笑话！你滚开！"女儿发脾气的样子，真的让王女士震惊。

"难道是我错了，我以为女儿和我一样自信，这个咆哮的女孩子真的是我的女儿吗？"

事实上，和王女士的女儿一样，很多儿童的心里都住着一个魔鬼——自卑。通常来说，那些自卑胆小的孩子脾气会更温顺、更听话，但事实往往相反，这些自卑的孩子更敏感。那些自信、情绪外显的孩子，他们更善于抒发内心的情感，因而懂得自我排解不良情绪，而那些自卑、内向的孩子，他们会把内心的不快郁结在心中，当他们的自卑被挖掘出来的时候，他们的脾气就会爆发出来，甚至一反常态。

我们都知道，自尊心是尊重自己的人格、尊重自己的荣誉、维护自己尊严的一种认知体验。但有的过分自尊的人也是过分敏感。实际上过分自尊的人中有不少人是自卑者，他们用过分自尊来掩盖自卑。由于常常觉得自己不如别人，又担心别人看不起自己，于是在交往中特别关注别人对自己的态度，过分重视他人对自己的评价。

孩子大部分的时间都生活在集体中，自然很容易将自己和周围的朋友、同学相比，当自己的某一方面不如他们的时候，自卑感油然而生，把这种不如人的想法积压在心中，甚至不愿意与朋友、同学相处。他往往很敏感，抱有很大的戒心和敌意，不信任别人，一点芝麻绿豆大的小事也会引发一场轩然大波。

通常来说，他们之所以会有自卑心态，主要是因为三个方面的原因：学习成绩不如人、家庭条件不如人和身体上的缺陷等。那么，家长对于自尊心过强的孩子，该如何帮助他们消除自卑呢？

1.告诉孩子正确评价自我

家长要帮助孩子充分认识自己的能力、素质和心理特点，告诉孩子，不夸大自己的缺点，也不抹杀自己的长处，这样才能确立恰当的追求目标。特别要注意对缺陷的弥补和优点的发扬，将自卑的压力变为发挥优势的动力，从自卑中超越。

2.帮助孩子提高自信勇气

家长要帮助孩子提升勇气，可以教会孩子在各种活动中自我提示：我并非弱者，我并不比别人差，别人能做到的我经过努力也能做到。认准的事就要坚持干下去，争取成功；不断的成功又能使孩子看到自己的力量，从而拥有自信。

3.积极与人交往

家长可以告诉孩子，不要总认为别人看不起你而离群索居。自己瞧得起自己，别人也不会轻易小看你。能不能从良好的人际关系中得到激励，关键还在自己。要有意识地在与周围人的交往中学习别人的长处，发挥自己的优点，多从群体活动中培养自己的能力，这样可预防因孤陋

寡闻而产生的畏缩躲闪的自卑感。

4.教会孩子掌握一些消除自卑情绪的方法

其实，每个孩子身上都有无法代替的优点和潜能，家长教会孩子懂得自我发现并发挥出来，那么，他就能自信起来。不妨告诉孩子以下方法。

想一想：对于挫折，你要换个角度来想，挫折和失败是对人的意志、决心和勇气的锻炼。人是在经过千锤百炼后才成熟起来的，重要的是吸取教训，不犯或少犯重复性的错误。

比一比：与同学、好友相比，这没错，但不能只看到自己的缺点和不如人的地方，你要这样想，我虽说比上不足，但比下有余，及时调整心态，以保持心理平衡。不因小败而失去信心，不因小挫折而伤掉锐气。

走一走：到野外郊游，到深山大川走走，散散心，极目绿野，回归自然，荡涤一下胸中的烦恼，清理一下浑浊的思绪，净化一下心灵的尘埃，换回失去的理智和信心。

作为家长，我们都知道，如果我们总是用消极的心态对待一切事情，不但什么事情都做不好，而且还会使自己产生无能、绝望的情绪。所以，在日常生活中，家长就应时刻引导孩子，遇事要多向积极的方面考虑、用乐观的心态看待一切事情。当孩子拥有积极的心态后，他们往往就能很自然地保持积极的自我情感和认知体验了。

积极引导，让孩子远离自卑情绪

在朋友的眼中，小宇是个特别自信的男孩，每当有人问起"你为什么这么自信"时，小宇总要讲起小时候的故事——从小到大，父母都特别爱他，觉得自己的儿子是个很优秀的男子汉：小宇嫌自己个子比同龄人高太多，父母说正好可以去打篮球；小宇当众说话就脸红，父母说害羞是一种美德；小宇学习画画，却画得乱七八糟，父母蛮不在乎地笑笑说："可你的歌唱得特别棒啊，每个人都有长处，画画你再练练，如果不行，就不画了。"小宇想当记者，父母的第一反应就是："以后准备去央视还是凤凰卫视？"而到现在，小宇已经在一家知名的文化单位找到了满意的工作，他始终是个特别自信、特别阳光、性格开朗、人缘好的男孩。

这里，我们看到了一个害羞的男孩在父母的教育下逐步自信起来。人活于世，靠的就是自信。只有自信才能让你看到人生的航向，找到前进的目标，找到真实的自我，而如果一个人缺乏自信心，他在这世上就过得昏昏沉沉，迷失自我，甚至被世界所遗忘。自古以来，那些成功者，为什么能实现自己的人生目标？因为自信！因为自信是成功人生的奠基石，自信是成功的第一秘诀。

孩子天生是自信的，但一些孩子在接受后天的教育中，他们很少成功，经常被父母批评等，以至于开始变得胆小、自卑、消极，这对于孩子的成长是极为不利的。因此，为人父母，我们有必要关注孩子在成长过程中的情绪变化，一定要避免让孩子产生自卑情绪。

为此，作为父母，我们需要这样做：

1.尊重孩子的成长规律，不要总是拿他和其他孩子比

不得不承认的是，每个孩子的智力是不一样的，学习能力也不可能完全一样，因此，当你的孩子学习比其他人慢时，你不能打击他："你怎么这么笨啊，你看人家半个小时能背下来，你怎么就是背不下来。"本来他努力地学习，现在你又拿他和别的孩子比较，这势必会对孩子造成一定的心理压力，他会认为自己真的比别人差、比别人笨，于是形成恶性循环。其实家长需要做的是为孩子营造宽松的家庭氛围，使孩子能够放松心态自然地进入求知状态。

2.不要总是批评孩子

有的父母认为"棍棒之下出人才"。而事实上，那些很少受到父母表扬、总是被父母批评的孩子很容易对自己失去自信心，对自己力所能及的事都会产生退缩心理，从而慢慢地失去主动性，形成对任何事都漠不关心的态度。

3.让孩子昂首挺胸，快步行走

许多心理学家认为，人们行走的姿势、步伐与其心理状态有一定的关系。懒散的姿势、缓慢的步伐是情绪低落的表现，是对自己、对工作以及对别人不愉快感受的反映。步伐轻快敏捷，身姿昂首挺胸，会给人带来明朗的心境，会使自卑逃遁，自信滋生。

4.关注孩子的点滴进步

有的孩子学习成绩差，家长总是焦急甚至埋怨。要知道，孩子学习成绩的转化是需要有个过程的，今天他考50分，不可能让他明天就考100分。因此，家长需要有耐心，要关注孩子的点滴进步，如果他的努力和进步被忽略，或者努力没有取得任何效果，他就会怀疑自己的能力，进

而产生自卑情绪。

家长要特别关注孩子的点滴进步，发现他们的闪光点。要善于纵向比较，多表扬和鼓励，让孩子看到自己努力的成果，从而产生自信，减少挫折感。

5.鼓励孩子大胆尝试

孩子天生对外界事物充满好奇心，他们很喜欢尝试，对此，家长应给予鼓励和指导，千万不要打击孩子的积极性，即便是他做错了，也不要训斥，要无条件积极地关注自己的孩子，鼓励和帮助他树立自信心，排除挫折，远离无助感。

总之，父母教育孩子，就是要让孩子始终拥有积极正面的能量，应该赞扬和鼓励孩子，让孩子远离自卑，树立自信心，他才能获得快乐、健康成长。

如何帮助肥胖儿童克服自卑情绪

随着孩子的成长，他们的爱美之心也日益强烈，不少儿童对自己的外表不满意，觉得自己的外表有缺陷，比如他们常常会说："我的鼻子太大了"，"我的胸太平了""我讨厌我的大腿""我胳膊上的毛发太多了"……而最多的是"我太胖了"，对于自己的体重、体型不满意，已经成为了不少儿童的共鸣。

儿童心理学专家调查发现，儿童尤其是女童常常对自己的身体不满意，这几乎成为了公理。于是，不少儿童选择减肥来让自己变得更苗

条。减肥并没有错，但父母一定要正确地引导孩子，教孩子克服自卑，不能让孩子因为减肥而影响身体的发育和学习的进步。

其实，孩子在很小的时候就已经开始关注自己的外表了，只是随着孩子年纪增长，这种关注表现得更为强烈而已，对此，父母要给予理解，毕竟孩子的情绪自控能力不如成年人。苗条的身材会让孩子尤其是女孩更加自信，但过分地注重外表而去刻意减肥的话，会给孩子带来很多麻烦，影响到孩子的生活和学习。

"我女儿今年10岁，孩子自生下来后，身体一直比较好。在她8岁左右时候，别的同学叫她胖子，其实她离小胖子还很远，只是身体很结实，稍微有些胖。孩子的自尊心太强，心理压力很重，但她从来没有给家长说过些。一直到今年，由于她父亲总是强迫孩子吃饭，她不敢反抗，只好用呕吐减肥，每次按她父亲的要求吃完饭后，就去卫生间吐，这种情况一直持续到最近我才发现。我和她父亲于2014年10月离婚了，孩子跟着我，我发现孩子变化很大，一是不太诚实，二是身体消瘦得很厉害，三是饭量特别大，四是总生病。我带她做了各种检查都没问题，在前一段时间，她由于心慌气短不能上学，一直在家里休息。她现在已无法控制自己吃东西，非常痛苦，想吃东西的欲望是间隙性的，想吃的时候就非常烦躁，吃了再吐了就好了。自从今年年初她告诉我情况后，我和她一直在努力，想改掉这个毛病，半年来这种情况有了改观，但她还是阶段性地复发，我们这个城市没有心理医生，想带她去别的地方看，她坚决不去，我也在网上多方查看这方面的信息，想尽办法诱导她，情况有所好转，但改变不大，以至于她的心理问题不能彻底解决。"

因为过分注重外表，这个女孩的身体健康受到损害，她的心理处于

极度自卑之中，而父母又发现得晚，以至于女孩在出现心理问题后，才引起母亲的注意，这对女孩来说是极其残忍的一件事情。

那么，面对孩子因为肥胖而自卑，父母该怎么引导？

1.告诉孩子，真正的自信并不是来自于外表

爱美之心，人皆有之，但因为美丽的外表而获得的自信却不是真正的自信。父母应该在孩子还小的时候就给她传输这样的观念，尤其是那些对自己身体不满的孩子，应告诉他们不要畏畏缩缩，不要总想把自己藏在人群里。

2.告诉孩子刻意减肥的坏处

孩子体型过胖，可以减肥，但要选择正确的方法，童年是长身体的时候，万不可过度地节食。节食甚至绝食，身体会垮掉，会导致体质下降、身体机能紊乱、免疫力下降，造成肌无力等严重后果。

3.告诉孩子只有合理饮食和适当运动，才能有匀称的身材

正确的减肥方法首先应该有合理的饮食习惯和适当的运动。

（1）饮食：低热量、高蛋白质、低脂肪的食物为主，多吃蔬菜和水果，多喝水，禁止垃圾食物。

（2）运动：适当的运动是必要的，不能因为学习的繁忙而忘记运动，这是很多女孩子体质差的原因。

总之，孩子也爱美，但儿童毕竟不是成人，他们不能分辨什么是美，什么是丑，这时，家长就要给孩子一个值得信任的理由，让孩子坚信它，不再盲目减肥。父母还要告诉孩子，外表美并不一定是真正的美，心灵美才是真正的美，让孩子健康地成长！

受挫后，孩子变自卑了如何引导

前面，我们已经提过挫折教育，对于成长中的孩子来说，困难和挫折的确是一所最好的学校，在这所学校里，孩子能历经磨炼，"艰难困苦，玉汝于成"。没有尝过饥与渴的滋味，就体会不到食物和水的甜美，不懂得生活到底是什么滋味；没有经历过困难和挫折，就品味不到成功的喜悦；没有经历过苦难，就感受不到什么叫幸福。尽管父母都不想让孩子经历苦难，希望他们的人生路上充满笑脸和鲜花，但生活是无情的，每个人的人生路上都会有各种各样的苦难，畏惧苦难的人将永远不会幸福。

对孩子进行挫折教育是有必要的，但父母还需要注意挫折教育中的重要一环，那就是增强孩子受挫后的恢复能力。父母创造条件让孩子受挫折是挫折教育的一种方法，但是屡次的挫折也会让他们失去自信，所以，父母还要引导孩子学会正确地面对挫折，培养孩子受挫后的恢复能力和自信心。让孩子在将来的生活中，独自面对挫折时，能够泰然处之，永远乐观。

可能很多父母有这样的想法："他的心事为什么这么重？我怎样才能让他恢复到以前的状态，还有，怎样培养能够使他遇到挫折也不灰心，能够克服困难呢？我不希望他遇到一点小小的挫折就心事重重，情绪低落，我愿意他做一个开朗坚强的孩子。"

孩子遭遇失败挫折，情绪低落时，父母切忌以怜悯的态度对待孩子。心痛地抱着孩子长吁短叹，或是从此把孩子呵护得更紧，都是不可取的方法。正确的做法是让孩子明白人人都会经历失败挫折，从失败挫

折中学习、吸取经验教训，从受挫的痛苦中解脱出来，找出战胜失败和挫折的方法。

具体说来，可以有这样一个步骤帮助孩子增强受挫后的恢复能力。

美国的心理学家曾经教给父母一个叫作"3C"的办法来帮助孩子度过困境。所谓"3C"是指control（调整）、challenge（挑战）和commitment（承诺）。

"调整"是为了帮助孩子了解"困难并不等于绝境"——"我知道没评上小红花你很不高兴，但我相信如果你下学期更努力，就一定能得到小红花，可能还能评上'好孩子'呢。"

而给孩子"挑战"的感觉则是为了让他学会在不高兴的事情中看到快乐的一面——"转到一个陌生的幼儿园是很让人不开心，但我知道你不管到哪里都能交到很多好朋友。"

最后一条是"承诺"，用"承诺"的方式帮助孩子看到生活更为广大的目的和意义——"爸爸没来看你跳舞你一定很伤心，但我们都知道爸爸希望你能跳得非常非常好。"

对于涉世未深的孩子而言，困难和挫折是在所难免的，如何引导孩子从挫折后的失落情绪中走出来，进行心理调整和心理恢复，是家长必修的一课。

当孩子面对挫折时，家长要及时对孩子进行心理诱导，从尊重、关心孩子的角度出发，共情、理解孩子，用孩子的思想谨慎地接触他们的心灵，别让孩子长时间地处于受挫的心理状态下，造成一些悲剧。

另外，针对不同的挫折情况，可以适当教授孩子一些抗挫折的方法，让孩子从挫折中站起来，自尊自信，自我解脱，去创造未来。

（1）引导孩子合理释放。发现孩子受挫后，家长要采用适当的形式，让孩子宣泄受挫的苦闷心情，不要让孩子把苦闷压在心里。家长也可以用交谈或书信方式提醒孩子，向亲人、老师、同学或朋友倾吐内心的压抑之情，取得他们的理解和帮助，以缓解心理压力。也可以鼓励孩子通过写日记的方式，把心中的不快宣泄出来，从而理清思路，稳定情绪，维护心理健康。

（2）教孩子学习使用目标转移法。孩子受挫后情绪往往不稳定，常常被挫折所困扰，或是急躁易怒，或是闷闷不乐。家长可以引导孩子转移注意目标，消解他们的紧张心理。如陪孩子外出散步游玩，一起听听音乐或谈论他们爱好的足球、篮球明星等，来分散他们的注意力，稳定他们的情绪，消除他们心中的烦恼，减轻他们的挫败感。

这些方法都能帮助孩子尽快从受挫的郁闷心情中及时走出来，恢复朝气蓬勃的精神状态，经受挫折后的他们能以更加饱满的情绪迎接新的挑战！

激励是培养孩子自信心的土壤

德国人力资源开发专家斯普林格在其所著的《激励的神话》一书中写道："人生中重要的事情不是感到惬意，而是感到充沛的活力。"任何一个成长期的孩子都需要激励，尤其是来自父母的肯定，那会让他获得自信。如果父母总是否定他，他的心就可能被自卑掩埋，这样的孩子是很难成才的。

相信很多父母都深知对孩子要进行适度的挫折教育，但这并不意味着要对孩子施行批评教育。

心理学家曾经做过一个关于"孩子最怕什么"的调查，结果表明：孩子最怕的不是生活上苦、学习上累，而是人格受挫、面子丢光。美国心理学家威谱·詹姆斯有句名言："人性最深刻的原则就是希望别人对自己加以赏识。"同样，对于成长期的孩子来说，他们毕竟还年幼，独立意识尚未形成，他们非常在乎他人眼里的自己，因此，尊重孩子，相信他们，鼓励他们，不仅能让家长及时看到孩子身上的优点和长处，进而挖掘其身上巨大的潜力，还能拉近亲子间的距离，帮助他们健康成长。

实际上，不论男孩还是女孩，好孩子不是批评出来的，而是鼓励出来的。那么，父母该如何激励孩子呢？

1.多看到孩子的优点

教育要严格，并不是说要将孩子批评得一无是处，为此，我们最好多方面、多层次地了解和评价，不能只盯住他的缺点。

2.多鼓励孩子，不能因为一次错误而给他贴上永久的负面标签

错误是这个世界的一部分，也是与人类共生的一部分。任何一个孩子都是在不断犯错中成长起来的，父母要给他改错的机会，并鼓励他，切不可因为孩子的一次错误而给孩子贴上永久的负面标签。

3.不宜过分夸大孩子的优点

孩子有好的表现时，父母一定要给予表扬，赞赏之言可以稍微夸大，这有利于增强孩子的自信心，但是不宜过分夸大。

4.教会孩子进行自我激励

人的自信是一种内在的东西，需要由个人来把握和证实。所以，在帮助孩子建立自信的过程中，父母要教会他们进行自我激励。例如，在孩子遇到重要的事情，需要鼓起勇气来面对时，父母可以鼓励孩子进行自我暗示："我是自信的，我有实力，我是最棒的！"

这样可以帮助孩子增强自己内在的信心、激发内在的力量。当然，这是一个长期的过程，需要坚持直到孩子能形成习惯。

5.告诉孩子只跟自己比，不和别人比

你可以告诉孩子爱迪生的故事。

爱迪生说，自信是成功的第一秘诀，自信心的树立，不在于和别人比较，而是拿自己的今天和昨天去比。

在爱迪生上小学时，有一次上劳作课，同学们都交了自己的手工作业，但到第二天，爱迪生才慢吞吞地交给老师一个粗糙的小板凳，对此，老师的评价是："我想世上不会再有比这更坏的小板凳了。"但对此，爱迪生的回答是："有的。"然后他从课桌下面拿出两只小板凳，举起左手的小板凳说："这是我第一次做的。"又举起右手的小板凳说："这是我第二次做的，我刚才交的是第三次做的，虽然它不能使人满意，但是总算比这两只好多了。"

爱迪生的自信就是在和自己的比较中树立起来的。

现实生活中，一些孩子习惯了和周围的同学、朋友比较，山外有山，这样和别人比较下去是没有尽头的，在和别人的比较中容易失去自信，同时也被周围的环境牵着鼻子走。所以帮助孩子建立自信最关键的一步就是帮助他改变总是和别人比较的习惯，当孩子说"我不如……"

的时候，就要提醒他打住，这是个思维习惯的问题，经过一段时间的纠正肯定能够克服。

6.鼓励孩子学会客观对待负面信息

影响孩子自信心的负面信息总是随时出现，最常见的就是他遇到不会做的题目，父母要告诫孩子学会客观分析，属于自己能力以外的就不要放在心上，可以先从自己会的题目开始。

总之，对于尚未长大的孩子来说，对于别人对自己的评价，他们会下意识地产生一种认同感，并进而以此塑造自己的行为。父母在孩子的性格形成期有必要对他们进行正面激励，以此来帮助他们树立自信心。

多给孩子一些欣赏，他便会多一分自信

每个人都渴望得到他人的肯定和欣赏，大人都是如此，成长中的儿童更是如此。教育孩子，就是要给孩子足够的自信，让他拥有积极健康的性格。成长中的儿童一般比青少年、成人更加敏感，很多时候他更在意周围人对自己的印象，他对自己的评价主要来自外界对自己的评价。如果外界对孩子的评价主要是积极的，那么他对自己的评价也会是积极的；如果外界对他的评价主要是消极的，那么他对自己的评价也会是消极的。因此，家长对孩子千万不要吝惜表扬和赞赏，孩子哪怕是有一点点的进步，也应该及时给予肯定和表扬。因为多给孩子一些欣赏，他便会多一分自信。

可是，生活中，经常有家长全然不顾自己孩子的感受，当着外人的

面这样评价自己的孩子："你看你女儿学习成绩多好啊，你看我女儿，总考六七十分，真让人着急……"孩子脸皮薄，父母应该了解，如果常常对孩子进行消极的评价，孩子慢慢也对自己产生了消极的评价，那就是"我不如别人"。随之，孩子也会对自己产生消极的心理暗示，那就是，我就是差，我好不了。孩子一旦给了这样一个定位，那他就会真的变成一个自卑的孩子，家长再怎么批评，再怎么着急，恐怕他也不会再改变了。

因此，家长一定要注意自己对孩子的评价，即便孩子考试考差了，或者说孩子存在这样那样的问题，也不要轻易指责他或对他做一些"定性"的评价，家长要做的是帮助他找到问题存在的原因，然后和他一起想办法改善目前的状况。最好的做法是学会欣赏孩子，找到孩子的闪光点和突破口，用这个闪光点来激励孩子，改变不足。放过孩子的一个优点，也许就放过了一次孩子进步、成功的机会。

在挫折教育大行其道的今天，学会欣赏孩子，给予孩子自信，也是必要的，孩子美好的性格是父母一手塑造出来的。父母要知道，对于孩子，你说他行，他就行；你说他不行，他就不行。你为他喝彩，他会给你一个又一个惊喜；你说他不如别人，他会用行动证明他真的很笨。

孩子更需要悉心的呵护和父母的关爱，家长如果能够对孩子多一些欣赏的语言，孩子便会朝着你欣赏的方向去发展；相反，如果家长总是打击孩子，总是说"你英语怎么总是这么差啊！"这类的话，那么孩子并不会因为你这么说而从此英语变得好起来，你的语言反而让孩子觉得，他的英语就是这么差，而且是理所当然的就这么差。

有位妈妈这样叙述自己教育女儿的过程："女儿刚开始对写作文

感到很头痛，经常不知道要怎么写，有时需要我跟她一起想，写完需要我帮她修改。尽管有时改动会比较多，但我仍然告诉女儿，这文章写得不错。而且我会告诉她，这篇文章比上篇文章有进步了，现在的文章比以前写得好了，现在妈妈改得少多了，基本上自己就能写得比较通顺了，等等。我想我对女儿的这些积极的心理暗示会有用的。果然，女儿现在的作文真的比以前好了，而且自己也知道用一些好词了。女儿自己有时也会自信地问我：'妈妈，我现在的作文是不是比以前写得好多了啊？'我的回答当然是肯定的，我相信女儿还会不断地进步。"

可见，父母学会欣赏孩子，对孩子进行积极的心理暗示，有助于提高他的自信。"自信源于成功的暗示，恐惧源于失败的暗示。"因此，家长要多给孩子一些成功的暗示，而不要把失败挂在嘴边。萧伯纳有句名言："有自信的人，可以化渺小为伟大，化平庸为神奇。"歌德也说："最真诚的慷慨就是欣赏。"对孩子而言，在他们的性格形成过程中，鼓励、表扬的积极作用要远远大于压制与批评。养育儿女，并不是物质上的绝对满足，很多家长应该把对孩子经济上、物质上的慷慨转移一下，慷慨表扬、慷慨赞美，满足孩子在心理上的需求，从而激发孩子上进的内在动力。自信心会让他形成一种积极的性格，这如同一双翅膀，能让他飞得更高、更快，如果没有这对翅膀，他或许会永远在地面上徘徊不前，永远都看不到前方那亮丽的风景。如果父母希望孩子飞起来，就多多地欣赏孩子，给孩子以自信吧！

第 7 章

焦虑情绪：对症下药，缓解孩子内心的压力

生活中每个人都要面临着来自周围的巨大压力，孩子也是，他们虽然无忧无虑，但也有自己的烦恼、压力，当他们逐渐长大，他们要学习如何独处，如何与同学、朋友相处，他们要参与竞争与考试等，这些都会让孩子感到焦虑，而假如孩子长时间无法摆脱这种焦虑，那么，家长就要注意并且采取一定的措施对孩子进行心理疏导。

儿童焦虑症的几种类型

现代社会，成人的压力是非常大的，不仅是工作和学习，就连生活都会让人喘不过气来，所以很多大人都会患上焦虑症，但是如果儿童焦虑症也变得常见了，家长可能会感到好奇，孩子不是无忧无虑的吗，怎么会有压力？其实不然，现在很多孩子患有儿童焦虑症，而且还分为好几种。接下来我们一起了解儿童焦虑症的知识。

儿童焦虑症是最常见的情绪障碍，是一组以恐惧不安为主的情绪体验。可通过躯体症状表现出来，如无指向性的恐惧、胆怯、心悸、口干、头痛、腹痛等。婴幼儿至青少年均可发生。1987年，Anderson等报道新西兰11岁儿童分离性焦虑症（SAD）年患病率为3.5%，过度焦虑性障碍（OAD）年患病率为2.9%。1990年，Bowen等报道12~16岁儿童的SAD和OAD患病率是3.6% 和2.4%。Whitaker曾报道14~17岁少年OAD的终生患病率是3.7%。国内目前仍无关于儿童焦虑症的流行病学资料。

儿童焦虑症与先天因素和后天环境因素有密切关系。患有儿童焦虑症的孩子往往有敏感、自信不足、自尊较强的性格特点，容易紧张、多虑，其家长也常有敏感、多虑的表现，而且对孩子的教育方法不当。

1.先天因素

有调查资料显示，大约15%的儿童焦虑症患儿的父母和同胞也患焦虑症，大约50%的焦虑症患儿的单卵双生者有类似的诊断。

2.家庭因素

调查发现，如果父亲或母亲患有焦虑症，那么与他们生活在一起的孩子患上焦虑症的风险是正常家庭孩子的7倍。研究人员发现，患焦虑症的家长往往通过以下行为举止将焦虑症"传染"给孩子：对孩子过度保护、过度批评，在孩子面前经常流露出惊慌和害怕的表情，等等。家长对孩子过于苛求，不考虑这些要求是否超过了孩子智力发育水平，孩子慑于家长的权威，整天处于紧张状态，久而久之，也会导致过度焦虑反应。此外，对孩子过于溺爱、千依百顺，孩子不能正确地评估自己，当孩子走出家庭，在社会上或学校中碰到一些不顺心的事时，便容易患上儿童焦虑症。

3.学校因素

部分教师的教育方法不当，过度地追求高分数、高升学率，进行"题海战术"等，教学内容过多，采用填鸭式的教学方法，学习任务过重，课外作业太多，娱乐及睡眠时间少，压抑了儿童好玩的天性，日久就会形成儿童焦虑症。

从上可知，导致儿童焦虑症的原因是多种多样的，家长和老师必须弄清楚究竟是什么引发了儿童焦虑，并以此为依据，积极采取相应的措施，及时缓解和消除儿童的焦虑，促进儿童身心健康地成长。此外，家长在为儿童焦虑症选择治疗药物的时候，鉴于儿童年龄尚小，应选择无副作用、效果显著的纯中药制剂，才能为儿童的健康成长保驾护航！

对于儿童焦虑症，我们可以将其分为以下几种类型。

1.分离性焦虑

分离性焦虑多见于学龄前儿童。当孩子与亲人分离，会深感不安而产生明显的焦虑情绪，甚至多数孩子常无根据地担心亲人会发生危险，将会发生意外的事故，会有大祸使自己与亲人失散，或自己被拐骗，等等，因此不愿意与亲人分离，不愿意去幼儿园或拒绝上学，即使勉强送去，也表现为哭闹、挣扎，出现自主神经系统功能紊乱等症状。病程可持续数月至数年。

2.过度焦虑反应

过度焦虑反应表现对未来过分担心忧虑、不切实际的烦恼。多见于学龄儿童和少年，女性较多，其病前个性胆小、多虑，缺乏自信心，对事物反应敏感，同时有自主神经系统症状。

3.期待性焦虑

父母对孩子期望过高，孩子怕达不到父母预期的要求，担心受到父母的责备而焦虑不安。另外，学校片面地追求升学率，课程设计、作业布置超过了儿童的接受能力，给儿童带来极大的压力，也会使儿童表现出紧张、焦虑等不稳定的情绪。

以上就是儿童焦虑症的几种分类，由此可以看出儿童焦虑症种类也不少。儿童焦虑症是一种对于很多成年人来说不能想象的事情，但是它是真实存在的，所以营造一个很好的家庭环境、和孩子沟通以及给孩子一个轻松的环境，对于孩子来说是特别重要的。

随着经济的不断发展，我们的生活水平较以前也有了很大的提高，但是现在大多数父母的关注点还只是停留在尽力为孩子创造物质条件

上，对孩子的精神世界却缺乏足够的认识和关爱，多动症、抑郁症、孤独症等各种情绪障碍和行为问题也"盯"上了一些儿童，儿童焦虑症就是其中之一。

那些患有焦虑症的儿童对自己的学习乃至生活是缺乏信心的，严重的还会影响到他们的智力发展，人际交往中，也会出现害羞、依赖性特别强的缺点，久而久之，这些儿童就很有可能会变得抑郁、自卑，所以我们一定要重视。

孩子有考试焦虑症怎么办

小乐是个认真学习、刻苦努力的女生，可令她自己甚至是老师苦恼的是，一到考试，她就怯场，无法发挥自己正常的水平，结果就考砸了。她烦躁不安，觉得自己很没有用，对不起老师和父母，也提不起精神来继续学习。

对于童年的孩子来说，他们的心理相对比较脆弱，面对考试失利，自然会有一定的心理压力。考砸的压力是孩子主观认知在客观条件下作用的结果，考试前，他们对自己的能力和水平有个评估，而当考砸以后，考前评估与客观结果形成了差距，心理压力也就产生了，这种心理压力的危害是相当大的，轻者产生心理阴影，重者会做出一些过激的行为，而这也是考试焦虑症的来源。

不可否认，孩子身上的学习压力很大一部分来自外界，如父母、老师、同学，但压力也是可以解除的，这需要父母做孩子的心理导师。

以下建议可以帮助孩子平衡自己的内心，正确处理考前的焦虑问题。

1.鼓励孩子，告诉他："你可以。"

无论做什么事，自信对于一个人来说，都是极其重要的，这关系到一个人的潜能是否能被挖掘出来。很多的科学研究都证明，人的潜力是很大的，但大多数人并没有有效地开发这种潜力，假如一个人拥有自信，他就有了一种必胜的信念，而且能使他很快就摆脱失败的阴影。相反，一个人如果失掉了自信，那他就很容易会一事无成，甚至陷入永远的自卑。

孩子面对考试就焦虑的问题，重要原因就是对考试结果的期望高。如果他们抱着轻松的心情，不太在意考试结果，那么，他自然就能心平气和地面对考试。

为此，父母一定要鼓励孩子："你可以的"，并告诉他们不要太在意考试成绩，想必他是能控制自己的焦虑情绪的。

父母只有鼓励孩子放弃一些消极的思想，如"我及不上其他同学。""如果'考砸了'了怎么办！""如果老师出的试题是我不懂的就糟糕了。""如果考试时将所读过的都忘了怎么办？"太多此类消极的思想只会增加孩子的忧虑，使其不能专心考试。"我准备充足，考试时只要保持冷静，自能发挥水准"等想法，才能让其在内心树立积极的思想。

2.告诉孩子几种考前减压的方法

（1）考前两天：增强自信，择要复习。

父母可以告诉孩子："复习，并不是眉毛胡子一把抓，而是应该有所侧重，最重要的是复习那些重点内容。所谓重点，一是老师明确强调的重点内容，还有就是自身学习过程中遇到的薄弱环节，也就是容易忘记和出错的地方。如果确保这两点都没问题的话，就没必要害怕了。"

（2）考试前夜：尽情放松、睡眠充足。

考前挑灯夜战最不可取，牺牲睡眠时间复习，是得不偿失的。考前，家长应建议孩子尽量做一些放松身心的活动，如散步、打球、听音乐等，还要让孩子早些休息，一定要避免其思考过多、精疲力竭。

（3）考试当天：按时到考场。

父母不妨告诉孩子："考试当天，在用餐上，要注意吃早吃好，要给自己充足的时间来补充身体能量，最好在考前1小时用餐完毕，吃得太晚太饱，都很容易造成大脑相对缺血而影响到考试时的发挥。

可以在考试之前20分钟到达考试地点。到得太早，会因为发生的一些事而分散注意力，影响到自己的考前心态，而到得太迟的话，准备时间不足，进入考试状态的时间太短而可能造成心慌意乱，造成失误。"

另外，父母还可以告诉孩子，如果已经按照以上方法来做了，但还是没平息怯场的情况，也不必担忧，还可以按照以下步骤来做调节：先别急着做题，把试卷放到一边，稍微揉揉自己的脸，或者趴在桌子上休息下，这一方法能转移注意力，进而减轻紧张情绪，也可以采取深呼吸的方法满满呼气、吸气，同时放松全身肌肉。几分钟过后，紧张状态就能减轻不少。

帮助儿童克服分离焦虑，家长该如何做

每个人都会有离别的时刻，与亲朋好友离别，难免产生一些负面情绪，但成人一般都能自行调节，而对于年幼的儿童来说，他们很容易产生长时间的不安情绪，这就是"分离焦虑症"。

分离焦虑症是儿童时期较常见的一种情绪障碍，而这种不适应行为或情绪，依不同年龄，会有不同的行为反应。例如，较小的孩子，会表现为紧紧抱着父母不放、害怕、非常爱哭；而较大的孩子，则会有惧怕的表情出现，情绪非常不稳定、又叫又跳，要赖、哭躺在地上不起来，等等。

那么，为何孩子会有分离焦虑呢？

1.对儿童的过分呵护、娇惯溺爱，使儿童依赖性增强

在生活中对儿童的过分呵护、娇惯溺爱，使孩子的独立性变差，生活技能缺失，自理能力差，一旦要走出家门离开父母亲人，便不知如何应对，这是产生儿童分离焦虑症的主要原因。

2.照料人的改变，会让孩子产生分离焦虑

新照料人和孩子关系亲密，孩子容易适应分离。如果孩子是在妈妈和爷爷奶奶的共同照料下成长，妈妈上班后，孩子由爷爷奶奶共同照料，孩子很容易适应。如果孩子一直是爸爸妈妈自己照料，妈妈上班了，将孩子托付给陌生人（如保姆）照料，孩子往往容易产生严重的分离焦虑。

分离焦虑症对儿童的身心有很大的影响，因此及早发现并减少孩子的分离焦虑，对其将来能力的发展和健康人格的形成有着十分重要的意义。

美国一位心理学家研究发现，早期的分离焦虑如果比较严重，会降低孩子智力活动的效果，甚至会影响其将来的创造力以及对社会的适应能力。因此，父母应在早期就注重减少孩子的焦虑。值得注意的是，近两年，新入园的幼儿中，焦虑程度严重的幼儿数量在增加。

为此，儿童心理学家给出以下几点意见。

1.积极的引导，让孩子认识到分离在所难免

要让孩子知道，即便不是每个小时都在一起，父母也一样爱他，并且，父母与孩子分开时，千万不可表现出焦虑并将这种焦虑传染给孩子，更不要担心孩子无法适应新的环境。只有父母首先正确看待分离，才能让孩子远离分离焦虑。

2.要学会放手，培养孩子的自理能力

父母要让孩子有独立的意识，否则所有的行为都是一句空话。而所谓独立的意识，就是孩子能做的让他自己做，因为每个人的生活终将由自己来过，家长不能在他幼儿时剥夺他独立生活的意识。只有学会放手，孩子以后才能走得好、走得让家长放心。

从孩子学走路的那一刻，孩子就已走上自己独立的征途。父母则要做到，只要孩子能自己走，哪怕走得歪歪扭扭，哪怕会摔跤，也要让他自己走。

3.形成新的依恋关系

儿童产生分离焦虑是因为离开了父母这一依恋对象，出现了不安全感，要让孩子减轻焦虑，适应父母不在场的环境，就要让孩子建立新的依恋关系。新的依恋对象可以是老师，也可以是别的小朋友，所以，在日常生活中，父母就要有意识地扩大孩子的接触面，带孩子多

接触一些陌生人，这样，在与父母分离时，他也就能很快地适应环境了。

超前教育会让孩子焦虑和压抑

妞妞今年6岁，刚上小学一年级，她学习很努力，成绩也不错。父母对她很关心，但也要求严格。回到家，她将一切该做的作业做好了，还看了一会儿课外书，准备看一会儿电视就睡觉。这时候爸爸来了，看到自己的女儿在看电视，就说："你应该珍惜时间，努力学习，以后考上清华、北大。"而她也只好去书房看书了。

时间一天一天地过，妞妞也这样一天一天地过……她感到压力非常大，甚至开始焦虑了，从她记事起，似乎都在学习，幼儿园的时候，爸妈就让她背唐诗宋词，学习英文，然后又给她找了钢琴老师，反正就没有痛痛快快地玩过一天……

这样的情况恐怕在很多家庭都发生过，这些孩子将来到底会怎样，值得家长深思。让孩子努力学习、珍惜时间的同时，也要给孩子以空间，还时间于孩子，适当指导孩子合理安排属于自己的时间，孩子才会很快乐。

诚然，现代社会的竞争压力逐渐加大，很多家长都认为孩子不能输在起跑线上，所以，"早教"成为家长关注的焦点，不少家长更是花费不菲将孩子送去早教班。

然而，儿童心理学家认为，孩子的早教必须符合其年龄，每个阶

段的孩子早教内容各不相同，超前教育只会让孩子产生焦虑和压抑的情绪，反而不利于成长。所以，教育并不是"越早越好"。摒弃"越早越好"的教育观念，为孩子减压，有助于孩子远离心理疾患，树立健康向上的人生观和价值观。

孩子开口前紧张焦虑怎么办

口才的力量是巨大的，它可以把两个陌生的人由陌生变为熟悉，由熟悉变成知己或亲密的朋友；在求人办事的过程中，即使没有门路，也能打开交际之门；它甚至可以叱咤风云，一句话抵得上千军万马，让你在瞬间提升个人魅力……可以说，当今社会，口才已经成为衡量人才的重要标准。

对于孩子来说，要想在未来社会取得成功，良好的口才十分重要，因此，父母都希望努力把自己的孩子训练成一个会说话的人。

然而，一些孩子一到公共场合说话就感到紧张、焦虑，甚至语无伦次，对此，我们该怎么引导呢？

1.帮助孩子克服恐惧

法拉第不仅是英国著名的物理学家和化学家，也是著名的演说家。他在演讲方面取得的成功，曾使无数青年演讲者钦佩不已。当人们问及法拉第演讲成功的秘诀时，法拉第说："他们（指听众）一无所知。"

当然，法拉第并没有贬低和愚弄听众的意思。他是要告诉我们，建立信心，才能成功表达。

恐惧是良好表达的天敌，一个人在"不敢说"的前提下是"说不好"的，唯有卸下恐惧的包袱，在语言中注入自信的力量，才能成为一个敢于表达的人。

如果孩子一到人前说话就紧张，那么，很有可能是恐惧心理作祟。父母可以告诉他：不要害怕失误，因为任何人说话的时候都有可能犯小错误，即使错了，只要能随机应变，不动声色地及时调整，听者是听不出来的。

2.告诉孩子做好准备能增强信心

准备充分，自然能自信上场。也就是说，孩子当众说话前，父母可以协助其梳理自己的想法，并做好演练，做好这些准备，他就没什么可担心的了。

3.鼓励孩子当众说话

父母不妨鼓励孩子以林肯、丘吉尔这些成功的演讲者为榜样，他们的第一次当众演讲都是因紧张而以失败告终的。可以让孩子在心里做自我暗示：紧张心理的产生是必然的，也是不能避免的，我不该害怕，我只要做到认真说话，就一定能说好。抱着这样的心理，他的紧张心理会慢慢缓解下来。

4.教孩子学会一些表达技巧

父母可以告诉孩子以下几点表达方法。

（1）了解自己要表达的中心、重点。

任何问题都有中心和重点，找到了中心和重点之后，说话的时候才能有的放矢，才能清楚什么话该说，什么话不该说。所以，迅速找准谈论的中心是言简意赅的前提和基础。否则，眉毛胡子一把抓，只能惹人厌烦。

（2）懂得表达，语言表达清晰、稳重、不啰唆。

交谈中，语言表达的轻重缓急也是很有讲究的，该让对方听清的地方就要缓一些，不重要的信息就可以一句带过。如果连珠炮似的大讲一通，对方就会产生急迫感，从而心生不信任。

要想使说话不啰唆，其实只需捡重点说就行，次要的内容，要么不提，要么一言以蔽之，只有这样才能保证发言在最短的时间之内收到最好的效果，否则，即使孩子滔滔不绝地谈论半天，听者还是不知其发言的目的。

（3）控制语速。

运用恰当的语速说话，是控制语调的主要技巧。在需要快说时，语速不急促，使人听得明白；在需要慢说时，不能拖沓，要声声入耳。语速徐疾、快慢有节，才能使言语富于节奏感。听者处在良好的倾听环境里，才能不疲劳，并且增强语言的感染力。

（4）发音正确、清晰、优美。

语音的要求很高，既要能准确地表达出丰富多彩的思想感情，又要悦耳爽心，清澈优美。为此，必须认真对语音进行研究，努力使声音达到最佳状态。

当然，在训练孩子的表达能力的同时，还要告诉他懂得适时沉默，因为任何沟通都是双向的，赢得人心需要一个好口才，但决不可卖弄口才。

总之，父母若希望孩子在未来成为一个说话有震慑力、能攻破他人心防的人，那么，最好在日常生活中就要锻炼他的说话能力，毕竟，世上无难事，只怕有心人。平日里多注意、多锻炼，他才能达到言简意赅、字字珠玑，一出口就击中要害的程度。

给孩子的压力要恰如其分

前面，我们已经分析过，在儿童焦虑情绪的类型中，有一项为期待性焦虑，也就是父母对孩子的期待过高，以至于孩子达不到要求而产生巨大的压力，形成焦虑。

人活于世，就必须承受来自各方面的压力。任何人都有压力，生存的压力、发展的压力、竞争的压力等，适当的压力是好事，它可以激励人努力向上，没有压力会使人不思进取，但压力太大又会使人身心无法承受而出现心理问题。而对于孩子来说，他们的压力主要来自学习。

在孩子的学习这一问题上，父母给孩子一定的压力有助于激励孩子，让孩子更加努力，但事实上，给孩子的压力也要注意分寸，压力过大会让孩子产生受挫感而失去学习的动力和兴趣。

因此，对于家长来说，帮助孩子找到承受压力的最佳点尤为重要。

对此，美国学者威廉森提出著名的倒U形假说。

这一假说运用到人所承受的压力上，指的是，无论是学习还是工作，压力过大或者过小都会降低效率，只有强度适中的压力才能使人们发挥出最佳的水平。也就是说，压力过大，人们无法承受，压力便成了阻力；而压力过小，又会使人们觉得没有挑战而陷入松懈状态，效率也不高。

法国心理学家齐加尼克也曾做过一个实验对这个假说进行求证。

他把参与实验的人分成两组，然后告诉他们需要完成20项任务。对于第一组人，他进行了干涉，使他们无法完成任务，而对于第二组，他则让他们顺利完成了任务。

接下来，他发现，虽然两组人在完成工作中都呈现出了一种紧张状态，但对于第一组人，因为完成了任务，他们的紧张感便慢慢消失了，而第二组人的紧张感则持续存在，他们总是为自己没有完成任务而困扰。

其实，孩子的成长也符合倒U形假说，尤其是在学习上，如果家长给他们过大的压力，他们的学习负担太重，那么，他们就会长期处于紧张状态，最终的效果也与家长的期望背道而驰。

因此，父母必须重视这一现象，采取有效措施，既不要对孩子提出过多、过高的要求，也要设法帮助孩子按时完成任务，适当缓解孩子的紧张情绪，让孩子在快乐中学习。

其实，很多教育心理学家提出"为孩子减压"，这并不是没有道理的，现在的孩子从小学起就忙着学习，不但要完成学校的作业，还要参加各种各样的补习班，即使是假期也没有玩的时间。这种紧张的学习状态让很多孩子喘不过气来，甚至会出现"学习恐惧症"这样的心理障碍。对于这一问题，父母必须重视，再也不要认为"有压力才有动力"了，最好的办法是找到一个承受压力的最佳点，并以此为标准。当孩子压力较小时适当增加压力，当孩子压力较大时缓解压力。若是孩子已经出现了"学习恐惧症"，家长最好及时帮助孩子做心理疏导，以免影响孩子的心理健康。

具体来说，根据倒U形假说，父母在教育孩子时，应注意以下几个问题：

1.给孩子的期望一定要合理

每个孩子的智力、能力都是不同的，家长在对孩子表达自己的期望时，一定要考虑自己的孩子的具体情况。期望值过高，孩子不易实

现，他自然会出现失望的情绪；而期望值过低，孩子会认为自己"很没用"。因此，父母的期望最好是孩子稍加努力后就能实现的。

2.给孩子压力，也要给孩子支持

很多时候，孩子能承受多大的压力取决于家长给孩子多大的支持。孩子在成长的过程中，不能没有压力，但压力过大，孩子很容易被压垮。如果孩子接受的只是高压而缺少相对应的支持，这样孤军作战的孩子很难走向成功。

因此，父母一定要善于赞扬孩子，时刻关注他取得的进步，就像关注他的缺点一样，这对缓解压力有很大好处。为了不辜负父母的赞赏，孩子会怀着积极的心态全力以赴，从而激发出强大的力量。

3.当孩子承受压力时，家长要和孩子一起面对

孩子是否能承受住挫折，取决于家长能否与孩子一起面对压力和挫折，如果孩子能看到父母的关爱和自己的优点，抗压能力也就会增强很多。

任何人都需要有一定的压力，孩子也是一样。但在学习的过程中，他们承受压力的能力是有限的，父母对孩子的实际能力和承受能力应有一个恰当的估计，找到孩子承受压力的最佳点并以此为标准，适当地给予压力和缓解压力，便能达到最佳的激励效果。

第 8 章

儿童胆怯情绪：孩子总是胆小怕事，怎么办

父母是孩子坚强的后盾，但不能搀扶着孩子走一生，孩子始终要独自、勇敢地面对生活。培养孩子不仅要给孩子物质，还要培养他们的精神，尤其是一颗勇敢的心，然而，出于家庭教育和自身的很多原因，面对陌生的人、事、物，孩子难免会胆怯，但如果孩子总是胆小怕事，父母就要注意并选用合适的方法引导和教育孩子，教会他勇敢就给了他一笔花不完的精神财富！

蜜罐里成长的孩子更胆小懦弱

随着社会的发展、竞争压力的增大，不仅是成人，就连孩子身上的压力也越来越大，看古今历史，不难发现，不经历成长的艰辛，在蜜罐里长大的孩子弱点多，其中重要的一点就是胆小懦弱。这让孩子在面对社会的残酷竞争时，在理想与现实之间，诱惑与机遇之间，很容易就失掉了平衡。

那些功成名就的伟大人士，无不具有勇敢无畏的品质，而他们的这种品质，都是饱经了生活的苦难与精神的洗礼而获得的意志和能力上的一种升华。而那些衣食无忧、受人百般呵护的孩子或多或少会有些性格、品行甚至价值观上的缺陷，胆小懦弱就是其中尤为常见的。

其实，人生成功的过程也就是个人克服自身性格缺陷的过程。孩子身上的这些由优越的成长环境带来的弱点，可能影响他未来的婚姻、家庭等生活状况，同时也影响他的人际交往、职业升迁、事业发展……

那么，父母该怎样防微杜渐，让孩子摆脱自身的一些弱点呢？单就软弱这一点而言，我们对造成孩子胆小弱点的因素进行分析总结，主要有以下几个方面。

1.过度的关怀造成孩子的软弱

家长送孩子到校时的那种恋恋不舍、反复叮咛和犹豫不定的言行，使孩子知道了"妈妈舍不得离去"，自己心里也产生了依恋，不舍得妈妈离去，时间长了，孩子的软弱性格慢慢形成。

2.不适当的表扬造成孩子的胆小软弱

表扬是对行为的鼓励和肯定，它起到心理强化的作用，不适当的表扬使孩子的行为向不良方向发展，使之定型，久而久之，甚至可能影响终生。

3.不适当的暗示、恐吓造成孩子的胆小

孩子在雷电交加的晚上，正安静地睡在自己的床上，妈妈惊慌地把孩子抱在怀里，孩子从妈妈惊慌的动作和雷电的环境中学会了害怕闪电。经常看到一些母亲在孩子哭闹时，哄骗说："再哭，大灰狼就来了。"久之，孩子甚至不敢一个人在小房间睡觉。

那么，要使胆小懦弱的孩子变得坚强、有勇气，可以在以下几个方面下功夫。

1.支持孩子大胆地去做事情

（1）家长对孩子的保护应随着孩子年龄的增长越来越少，由原来的搀着走，变为半扶半放，最终使孩子能够大胆地去走。

（2）要培养孩子单独生活、适应社会，这种培养随着孩子的成长应越来越多，千万不要凡事包办，养成孩子胆小怕事的依赖心理。

2.鼓励孩子大胆说话

家长在孩子面前少讲一些"你必须这样做！"或"你必须那样做！"等严重打消孩子积极性的话语，多讲一些"你看怎样办？""你

的想法是什么？"给孩子一个独立思考并发表自己意见的机会。

3.鼓励内向孩子与社会打交道

让孩子与外界有所接触，走向社会，不局限于自己的那片天，多与他人交流，开阔眼界，增强认知能力，培养孩子处世能力。

当然，这只是如何克服胆小软弱这一弱点的几点方法，父母不能给孩子过于优越的生活环境，造成凡事依赖别人，要明白什么是真正的爱孩子，让他吃点苦，他就能够从真实不虚的生活中懂得生命意义。

培养儿童的勇气要从家庭教育开始

在生活中，家长往往教育孩子要学会谦让，或者通过成人的干预，为孩子解决难题，但却忽略了孩子应该从小懂得维护自己的权利和尊严，并在这一过程中获得自信。家长不妨放手，哪怕仅仅给孩子一句鼓励，让他自己要回属于他的东西，同时，注意让他使用正确的方式。

培养孩子的勇气必须从家庭教育开始。家长应鼓励孩子去战胜成长中遇到的困难。在遇到问题的最初阶段，孩子会不知所措，也有可能因受到伤害，产生抵触情绪，而丧失了自己解决问题的机会。但这是一个孩子成长不可缺少的阶段，所以我们要放手让孩子自己解决。

那么，父母该怎样帮孩子克服胆怯，让他勇气面对生活中的种种问题呢？

1.让孩子树立自信心

父母应该让孩子知道，树立自信心是战胜胆怯退缩的重要法宝。胆怯退缩的人往往是缺乏自信的人，对自己是否有能力完成某些事情表示怀疑，结果可能会由于心理紧张、拘谨，使得原本可以做好的事情弄糟了。

因此，父母要教导孩子在做一些事情之前就应该为自己打气，相信自己有能力发挥自己的水平，然后按照想法自己去努力就可以了。

2.扩大孩子的交际和接触面

一般来说，怯于表现的孩子面对众多目光只是觉得不安，并非讨厌赞美和掌声，只要看看他们投向同伴的目光就知道了。因此，家长应有意识地扩大孩子接触面，让孩子经常面对陌生的人与环境，逐渐减轻不安心理。闲暇时，带孩子和邻居聊上几句，帮孩子与同龄朋友一起玩耍，建立友谊；购物时可以让孩子帮忙付钱；经常到同事、亲戚家串门；节假日，一家三口背上行囊去旅游，让孩子置身于川流不息的游客潮中……随着见识的增长，孩子面对别人的目光时，便会多几分坦然。

3.让孩子学会照顾自己

父母要时时处处注意培养孩子的独立性、坚强的毅力和良好的生活习惯，鼓励孩子去做力所能及的事情，让孩子学会自己照顾自己。当孩子遇到困难时，父母不要一味包办，而要让孩子自己想办法解决。

当然，开始时父母要予以必要的指导，使孩子慢慢学会自己处理各种事，而不能一下子就不问不管，否则会使孩子手足无措，更加胆小。

4.多鼓励孩子在众人面前表演

有了家长的肯定，再加上外人广泛的认可，孩子的自信心就会得到强化。带孩子走出小家，鼓励他迎着外人的目光勇敢地展示自己，这个过程可能较长，孩子的表现也会有反复，家长应有充分的心理准备。不妨先从孩子较为熟悉的环境入手，亲友聚会是个不错的选择，面对熟识

的人孩子会比较放松。家长可以看准时机，轻声对孩子说："今天是外婆的生日，如果为外婆唱首歌，她一定特别高兴。"要注意的是，家长不一定非得当众大声宣布，要给孩子留有余地，众人期盼的目光或是善意的笑声都有可能加重孩子的排斥心理。如果孩子还是拒绝，家长不要再施加压力，给孩子个台阶下："是不是今天没有准备好呀？那下次准备好时再唱吧。"同时，为了减轻孩子的负面情绪，还可以给他一个微笑或拥抱，或找出别的理由对孩子进行肯定。

通过以上这些方法，当孩子获得赞美，体会到被肯定的喜悦时，自信心便会随之增强；而自信心的增强，反过来又会促使孩子勇于继续尝试。也许孩子一时并不能像那些天性外向、开朗的孩子那样乐于表现，但只要他能学会勇敢地展示自己，就是在把握机会，积极进步。长此以往，孩子自然也就不再胆怯了。

孩子腼腆害羞也是胆怯的表现

父母细心培育的孩子，总是要参与未来社会的竞争的，他们要出入各种场合，接受社会的"检验"，只有落落大方、不卑不亢的人才能得到别人的认同和赞赏。因此，家长在培养孩子的时候，一定要注意让孩子大方接物，这对孩子以后的成长大有益处。而与之相对的，就是胆怯。一些父母认为，我的孩子只是比较腼腆害羞而已，而这其实也是胆怯的表现，对于这种情况，我们也要注意帮助孩子调整。

国外的儿童心理学家曾在多所小学进行了调查，结果显示：5个小

学生中就有 2 个腼腆的孩子，程度会因年龄不同而略有差别，其中 60% 以上为女孩子。当然，女孩子更易害羞，这是一个不争的事实，害羞是女孩的天性，对此，家长若不及时进行引导，就会导致孩子胆怯性格的形成，与人交往的时候显得扭捏作态，毫无气质可言。

在日常生活中，很多孩子在自己家中活泼大方、能说会道，可一旦到别人家里或碰到生人，就会局促不安、胆怯怕生，做什么事都要成人代劳。对此，父母也很是无可奈何："这孩子，在家里挺能的，怎么出来就变样了？"诚然，每个孩子都有一个正常的害羞期，但这是在孩子 1～2 岁的时候，过了这个年龄，如果孩子还是胆小怕事，恐怕父母就需要进行引导了。

可以说，很多孩子这种小家子气的形成，是和父母的教育有很大的关系的。

1.父母过于溺爱，让孩子没有独立面对人际的能力

很多父母是把自己的孩子当成"宝贝"来养的，父母不忘孩子才情的培养，但是却忽略了孩子也将要成为社会的一分子，这样的孩子尽管能在知识储备上高人一筹，但是没有熟练的人际交往能力，与人交往的时候，不能轻松自如，在气质上充其量是"小家碧玉"，而不是"大家闺秀"。

2.很多父母给孩子"贴标签"

有些孩子小家子气其实是父母长期给他"贴标签"的结果，当孩子在人前忸怩的时候，父母不是鼓励孩子大方交往，而是以孩子害羞给自己找台阶。长此以往，孩子也就不敢交往了。

每次带燕燕出去，妈妈总会提前给女儿打"预防针"：见到认识的

叔叔阿姨、爷爷奶奶要主动问好，人家问什么要好好回答……每次女儿都拿她的话当耳边风，偶有巧遇她也会把脸扭向一边根本不看人家；如果对方是高高大大的男性，她就干脆趴在妈妈身上给人家一个后背。这时，妈妈往往会以"这孩子害羞"敷衍过去，觉得这样才能在熟人面前挽回点面子。

可能，和燕燕妈妈一样，很多家长在孩子给自己"丢面子"时，都会赶紧向对方解释，"我女儿太腼腆"或"她是我们家脸皮最薄的"。可家长忘记的是，这种当着孩子的面说孩子害羞是十分不妥的。这就好似给孩子贴上了一个"害羞"的标签，当这种"我是害羞的"的意识深深植入孩子的内心，孩子就会认为自己就是这个样子了，以后还会利用这个标志来逃避不喜欢的人——这时，害羞就成为孩子一种有意识的行为。

3.当孩子不能大方与人交流时，父母不是体贴反而指责

扭捏、小家子气的孩子一般都会自信心不足，父母一味指责只会让孩子的自信心再次受到打击。可以想象，一个自信心严重受创的孩子，又怎么可能变得开朗大方呢？

以上这些都是父母教育孩子过程中出现的一些误区，杜绝孩子的小家子气，父母必须也要杜绝这些教育失误，父母的教育决定着孩子成为一个什么样的人，父母要想培养孩子的气质，就要让孩子学会在待人接物上落落大方，日后才能成为一个大气的勇者！

胆怯的孩子害怕与人交际，怎么办

"我是一个四年级的女孩，我很胆怯，并且内心自卑，我在一所很好的学校读书，在班里能排前几名。我有两个很好的朋友，她们很优秀，虽然我知道，我没有那样想的必要，可是我毕竟是个学生，我不能不关心学习。我不知道她们为什么学得那么好，甚至有男生喜欢她们，我不明白这到底是因为什么。久而久之，我就不大愿意跟她们甚至是周围人说话了。

现在，大概我已经被同学们遗忘了，我开始看那些我不喜欢的东西，开始看动漫，开始看小说，我的性格开始变得内向，我现在好茫然，我不知道该怎么办，马上就要开学了，怎么办，我已经不知道我能怎么面对学习，面对我的这些同学了。"

人际交往是一门学问，童年是培养一个人交往能力的重要时期，这是积累人生阅历和社会实践能力的重要表现能力之一。然而，很多孩子因为一些心理原因，如自卑等，害怕与周围的同学交往，把自己的活动限制在一定的范围内，更有严重的，导致自闭症和交往恐惧症，严重影响心理健康。克服这些心理障碍，才能走出交往的第一步，那么，这些心理有什么危害呢？以自卑为例：

自卑是一种过低的自我评价。自卑的浅层感受是别人看不起自己，而深层的体验是自己看不起自己。有自卑心理的孩子在交往中常常是缺乏自信、畏首畏尾。遇到一点挫折，便怨天尤人；如果受到别人的耻笑与侮辱，更是甘咽苦果、忍气吞声。实际上，自卑并不一定能力低下，而是凡事期望值过高，不切实际，在交往中总想把自己的形象完美化，

惧怕丑、受挫或遭到他人的拒绝与耻笑。这种心境使自卑者在交往中常感到不安，因而常将社交圈子限制在狭小的范围内。

孩子都希望自己是落落大方的交往形象，让同学喜欢自己，其实，父母只要告诉孩子，只要你拥有良好的交往品质，克服胆怯，走出恐惧的第一步，就能受到同学的喜欢，慢慢地，心结也就能打开了。

而这些交往品质有：

1.真诚

"人之相知，贵相知心"。真诚的心能使交往双方心心相印，彼此肝胆相照，真诚的人能使交往者的友谊地久天长。

2.信任

美国哲学家和诗人爱默生说过：你信任人，人才对你重视。以伟大的风度待人，人才表现出伟大的风度。在人际交往中，信任就是要相信他人的真诚，从积极的角度去理解他人的动机和言行，而不是胡乱猜疑，相互设防。信任他人必须真心实意，而不是口是心非。

3.克制

与人相处，难免发生摩擦冲突，克制往往会起到"化干戈为玉帛"的效果。克制是以团结为金，以大局为重，即使是在自己的自尊与利益受到损害时也是如此。但克制并不是无条件的，应有理、有利、有节，如果是为一时苟安，忍气吞声地任凭他人的无端攻击、指责，则是怯懦的表现，而不是正确的交往态度。

4.自信

俗话说，自爱才有他爱，自尊而后有他尊。自信也是如此，在人际交往中，自信的人总是不卑不亢、落落大方、谈吐从容，而绝非孤芳自赏、盲目清高。是对自己的不足有所认识，并善于听从别人的劝告与帮助，勇于改正自己的错误。培养自信要善于"解剖自己"，发扬优点，改正缺点，在社会实践中磨炼、摔打自己，使自己尽快成熟起来。

5.热情

在人际交往中，热情能给人以温暖，能促进人的相互理解，能融化冷漠的心灵。因此，待人热情是沟通人的情感，促进人际交往的重要心理品质。

克服胆怯，摆脱自卑等心理障碍、拥有良好的交往品质都是交往的前提，父母一定要找出孩子不敢与人交往的症结，帮助孩子把心打开，进而让孩子成为一个受欢迎的人。

敢于担当是孩子的必备品质

有责任心、勇于担当是孩子最好的品质。"身教重于言传"。影响一个人意志形成的因素有很多，家庭环境是十分重要的因素，家长的言行对孩子的非智力因素有潜移默化的作用。也许每个家庭的经济状况不能轻易改变，但是父母可以控制和改变孩子的教育方法，可以让孩子在艰苦的条件下学会懂得担当，成就美好的品质。

在中国的传统家庭教育中，父母都希望自己的孩子能够听话，却忽视了孩子决断力的培养。久而久之，孩子即使有自信的想法也没有勇气说出，甚至变得胆怯，更别说独当一面了。

可是，很多时候，中国父母都是这样教育孩子：

两个小男孩同时在玩一件玩具，但由于不小心把玩具弄坏了。很多家长会慌慌张张地把孩子抱起，然后狠狠地拍打玩具，再庄重严肃地说，不怪宝贝儿，是玩具坏，把宝贝儿吓坏了，妈妈立刻去给你买个更好玩的。遇到爷爷奶奶姥姥姥爷越发舍不得孙子哭，赶紧抱起来，拿一堆的好东西和一堆的承诺哄孩子。

当然，给孩子再买一个玩具也花不了多少钱，也可以很快终止孩子的哭声。这样一来，孩子长大后就会觉得自己的错误可以不必自己承担；如果指责玩具，孩子长大后就会为每次的失败找借口，不再从主观找原因，如果把孩子骂一顿，甚至打一顿，就会让孩子长大后因为没有勇气坦白而永远把错误隐瞒甚至自己消化。当然，如果孩子用哭获得了补偿，他就学会了要挟，而且如果通过买东西来化解矛盾，无疑就冲淡了家长对孩子教育的持续性和权威性。

很多家长溺爱孩子，他们为了疼爱孩子，连他们在学校的一个小动作都不放过。长期处于父母保护下的孩子，长期生活在家长的"监控"下，无形中会产生心理压力。他们每做一件事似乎都可以感受到来自家长的压力，他们不得不畏手畏脚、胆小怕事，这与孩子性格形成所需的自由、轻松的环境相背离，不利于他们个性的形成和智力的开发。特别是童年时期是性格形成的重要性，若是他们生活在家长的呵护、溺爱下，这对他们性格的形成和以后的长期发展是不利的。

总之，父母一定要认识到，敢于担当是有责任心的表现，这事关孩子一生的成长，父母应该言传身教，才能让孩子体会到一个勇者身上的责任！

放开双手，让孩子向前冲

人生是一场面对种种困难的"无休止挑战"，也是多事多难的"漫长战役"，只要有勇气，勇敢地向前冲，就能把这些挫折和阻力变成磨炼自己的动力。无论在学习上还是生活上，缺乏勇气的儿童在追求目标时，总是缺乏主动性和信心，所以可能因此而错过原本属于自己的成功和幸福，可以说，缺乏勇气是孩子成长和成功道路上的绊脚石。

毕竟，每个人成长环境不一，性格和品质也有不同，现在很多孩子在父母这把"保护伞"下，越来越娇气，最终成为永远长不大的孩子。父母要明白，家长只有放手让孩子独立行走，让孩子自己向前冲，他才会拾级而上，勇敢地追逐自己的理想和目的，成为一个敢想敢做的人。

每个孩子的成长过程就像走楼梯的台阶，随着时间的推移，孩子走过的台阶就越多，是搀扶着上，还是抱着上？不同的父母会有不同的答案。如果家长牵着、搀扶着孩子，就会使孩子产生依赖性，常常把父母当成拐棍而难以自立。如果家长抱着孩子上台阶，把孩子揽在襁褓里，那么，孩子就会成为被"抱大的一代"，不经风雨，不见世面，更难立足于社会。平时，孩子饭来张口、衣来伸手，上学接送、晚上陪读，甚至考上大学父母还要跟着做"保姆"。孩子大学毕业后找工作，又得父母跑单位，这样的孩子是很难自立成人、大有作为的。而相反，家长让孩子自己去登人生的台阶，告诉他：加油、要勇敢地向前冲！即使他摔了很多次，他在摔跤的过程中，积累了不绊倒的经验教训，也锻炼了他的意志，这对于他的成长是受益无穷的。

那么，家长应该如何给足孩子勇气，让孩子勇往直前地向前走呢？

1.注重对其独立自主能力的培养，鼓励孩子独立完成力所能及的任务

让孩子学会自己照顾自己，当孩子遇到困难时，不要一味包办，要让孩子自己想办法去解决。当然，开始时父母要予以必要的指导，使孩子慢慢学会自己处理各种事，而不能一下子不管，一下子不管让孩子手足无措，更加胆小。

2.家长可鼓励孩子与人交往

家长要鼓励和带领孩子多和别人交往，特别是开朗活泼的同龄人交往，并带领孩子参加力所能及的社会公益活动。借助家庭、学校、孩子的伙伴、亲朋好友的作用，给孩子提供良好的社交平台。

3.切忌与同龄孩子对比或辱骂孩子

面对胆小的孩子，家长切忌与同龄孩子对比或者辱骂孩子，应该不失时机地与孩子沟通，给孩子以鼓励和赞扬，帮助并引导孩子努力克服自身的弱点，尽可能避免孩子因胆怯所造成的心理紧张，以缓解孩子的胆怯，促进孩子健康成长。

没有不爱孩子的父母，但要想把孩子培养一个勇敢的人，就不能娇惯和过度保护孩子，不妨让孩子吃点苦，有"台阶"给足他勇气，然后让他自己爬。这样，孩子也许能"一鼓作气"，攀上光辉的顶点！

引导孩子在陌生人面前大方的表现

父母都希望教育出在人前人后都落落大方、自信十足的孩子，这样

的孩子才才懂得如何不卑不亢地待人接物。如何面对胆小怕羞、不自信的孩子，是困扰许多家长的常见问题，也是家长急于得到答案的问题。而解决孩子胆怯的一个重要方法就是让孩子在陌生人面前大方地表现自己，这也有助于开阔他的视野，增加他的阅世能力，从而大大增强他的见识。

当然，家长在让孩子学会大方表现之前，要先分析出孩子胆小、不自信的原因，然后才能对症下药。严格地说，胆小害羞是孩子进行自我保护的自然行为，随着年龄的增长和与外界接触次数的增多，胆小害羞的行为就会越来越少。但是也有些孩子四五岁或者小学几年级了还是很胆小、很怕羞，这个时候家长就应该重视、要想办法纠正了。一般来说，造成孩子胆小怕羞的原因主要有以下几种情况。

1.幼年时与外界接触比较少

其实，孩子天生是敏感、害羞、多疑的，但后天可以改变。但生活中，我们见到的一些胆小怕羞的孩子，多数是婴幼儿期由爷爷奶奶带，不常见生人、不常和小朋友一起玩耍的孩子。一般在学校里长大的孩子都比较胆大、放得开。所以，我们就要多带孩子和外人接触，让孩子多见世面，让孩子多和小朋友一起玩耍，多参加集体活动，是纠正这类孩子胆小怕羞的好方法。

2.家长不正确的教育

很多家长错误地把孩子的胆小怕羞当作一个大的缺点来对待，急于纠正，但又方法不当。常常人前人后地提醒孩子，有的还强迫孩子在陌生人面前表现自己，当孩子不肯表现的时候，为了给自己一个台阶下，又当着别人的面说孩子胆小怕羞。这样不但不能纠正孩子的胆小怕羞，

反而会加重孩子的内心体验，使孩子变得更加胆小怕羞。

3.家长对孩子过于严厉

有些家长对孩子过于严厉，久而久之，使孩子畏惧家长，敏感于别人对自己的评价。他们对自己的一言一行非常重视，唯恐有差错，这种心理导致他们在与人交往中表现得不自然、胆小怕羞。

以上这些情况都会造成不大方的孩子的出现，他们自己信心不足，对自己在学习和其他方面的能力做出偏低的评价，做事谨小慎微，由认知上的偏差发展为自卑的人格，表现在外部就是胆小、害羞、孤独、沉默寡言。基于这些，家长要营造愉悦、和谐的家庭气氛，消除孩子的紧张情绪。要多鼓励、少批评，要抓住孩子的闪光点进行表扬，帮助孩子克服自卑，鼓励孩子勇敢地表现自己、张扬个性。这样就能使孩子克服胆小害羞的习惯，变得大方开朗、热情阳光。这样的孩子就能在陌生人面前大方表现了。那么，具体说来，家长要让孩子自信地"登场"，还需要做到以下几点。

第一，"巧"邀请。平常我们习惯说："宝宝来为大家表演一个吧！"或是"给大家唱首歌！"不管你的巴掌拍得有多响，对孩子的尊重都是不够的，只要换成"宝宝，爸爸想邀请你为大家表演，你觉得是讲个故事还是唱首歌呢？"这句话，用真诚尊重的态度巧妙地运用二选一的方法，引导孩子快乐地选择，巧妙地用语言为孩子指引行动的方向。

第二，营造家庭晚会的氛围，创造表演的机会。晚会的时间是固定的，可以每周定一次或一个月定一次，每个成员都必须出一个节目，当然可以是几个人一起表演小品或情境剧，形式多样，朗诵、游戏都可

以。让孩子在与家人游戏中，享受亲子时光，热爱表演。

第三，家长以身作则，提供有效的"模仿源"。身教对孩子的影响永远比言教要大，可生活中光说不练的家长还是不少的，要注重自己跟人交往的方式，在活动中注重提高自己的参与度和热情度。

这样，孩子就不会出现"拒演"这种情况了，让孩子在陌生人面前大方地表现自己，通过表演来提升他的自信心，就能提高孩子的社交能力，大方与人交往，获得自信心态。

第9章

抱怨情绪：让积极成为孩子性格的一部分

抱怨是一种消极的情绪，抱怨不但不能帮助你解决任何问题，还会为你带来很多莫名的苦恼。孩子也会有抱怨情绪，比如，对学习的抱怨、对生活细节的抱怨、对父母的抱怨等。孩子有抱怨情绪很正常，他们需要父母的引导和呵护，只有给孩子足够的爱，他们才会理解爱的内涵，才会懂得感恩，才会积极健康、乐观向上的成长，这不正是父母所希望的吗？做孩子坚强的精神后盾，他们的成长才有保障！

培养积极向上、自动自发能力强的孩子

普天下的家长都希望自己的孩子能让自己"省心",希望孩子能主动地学习,也希望孩子能以健康的心态成长,而心态健康的标准之一就是积极,积极的孩子在生活中通常有这样一些表现:他们能"吃得开""玩得转",懂事、乖巧,而且自动自发能力强,对生活和学习不抱怨、不埋怨,无论是学习、生活,还是为人、处事等方面,在没有人告知的情况下,都在做着恰当的事情。他们所做的事情完全是他们在自主意识支配下的自觉行为。

现在我国的经济发达了,生活好了,很多家庭进入小康水平,一些父母认为教育孩子,就要把最好的物质都给孩子,什么都为孩子包办。正是这样的环境,养出了很多娇气的孩子,一旦有不如意的地方就抱怨,更别说有自觉意识。现实生活中,也有不少孩子的父母抱怨孩子越来越难以管教,费尽九牛二虎之力,孩子依然不懂事、德行差、依赖性强、学习成绩不尽如人意等。他们一方面责怪孩子天生就笨,不争气,另一方面又埋怨自己教子无方,心有余而力不足。究其原因,不是孩子天生就笨,家长能力不够,也不是他们不爱自己的孩子,更不是他们不愿让孩子得到最好的教育。正是家长这份无边的爱,不仅使孩子缺少自主表露的机会，而且使家长在无怨无悔的爱的付出中忽略了对孩子自主意识培养，扼杀了孩子自主自发地独立解决问题的机会。

那么，家长应该怎样帮助孩子获得较强的自动自发力呢？主要可以从以下两个方面着手。

1.帮助孩子发展负面情绪的管理技巧

美国的一些中小学，在课程中加入冥想的练习，让孩子坐下，闭上眼睛，意念集中静坐20分钟。早早学会这些放松技巧，对他们未来的抗压能力也会有所帮助。另外，父母也可以鼓励孩子培养健康的兴趣和爱好，来帮助他们排解压力。

2.帮助孩子形成自制力

自制力的形成是一个循序渐进的过程，不是一蹴而就的，也不是孩子下了决心就能获得的，这是一个长期的过程。

拿学习来说，在教育孩子好好学习的过程中，他如果决定从明天起好好学习，要每天学习10个小时以上，那么，他很可能因为没有达到目标而气馁，应该先给他定一个较为合理的目标。例如，他可以在第一周每天学习1个小时，少玩15分钟，倘若做到这一点的话，第二周每天学习1个半小时，少玩20分钟，再做到这一点的话，就可以每天学习2个小时，少玩30分钟。慢慢地，他便会发现，自觉地学习已经成为了一种习惯，与此同时自制力也自然而然地形成了。任何好习惯的形成都可以采取这个方法。

有位10岁的小女孩儿，负责为家里倒垃圾已经5年了。在她5岁时，突然对倒垃圾产生了兴趣，一听到收垃圾的铃声，就提着垃圾桶去倒。她的父母为了提高她参加家务劳动的积极性，培养她的责任感，就对她

帮父母做事予以表扬，说她能干、勤快，还经常当着女孩儿的面在外人面前称赞她："干得不错！我们都应该向你学习！"这样，激发了孩子主动倒垃圾的自豪感，并慢慢地形成了习惯，把这项劳动看成一种责任。

总之，自动自发力强的孩子，具有高度的自觉意识，他们有主见、有创意、懂回报、有爱心、会学习、会思考、会交往，有乐观自信、坚强不屈等数不胜数的闪光点，而这种能力的培养，需要家长积极地进行情商教育，从而提高孩子情商，让其心理免疫力大大增强，得以应付学习和生活中的低潮与挑战，让孩子有能力去经营一个成功与快乐并存的美好人生！

从爱的基点出发，始终相信你的孩子

有人说，当父母其实是一个自我修炼的过程，因为培养一个孩子，绝不止给孩子充足的物质条件这么简单，我们若想培养出一个积极向上、不抱怨的孩子，就要让孩子在爱的环境中长大，让孩子始终感受到来自父母的信任，这样，他才有动力去尝试、有意愿去修正，努力把自己变成一个优秀的人。

而信任孩子，就是要学着去欣赏孩子看似"脱轨"的行为；也要试着放手让孩子去尝试一些明明不会成功或者不正确的事；当然，忍耐与等待的功夫也要练好，才能不急着帮孩子把事情都做好，让他自己有处理的机会；重视孩子的意见和情绪则是最基本的，虽然他说的、表达的都有些问题；最重要的是，面对孩子时，家长必须时时刻刻自我反省，看看自己是否在父母的角色上扮演得恰如其分。

相信你的孩子，其实就是相信你自己，这是对孩子也是对家长的肯定，倘若没有人对孩子的能力表现出信任，认为他值得得到爱、支持和关注，任何孩子都不可能相信自己。

曾有一位家长感慨地说："我无法和女儿交流沟通，我们的距离越来越远，我想我把孩子弄'丢'了。8月中旬，我与即将上高二的女儿发生了一场激烈的争吵。事发直接原因是女儿在我下班一进门时提出要去参加学校的朗诵比赛，一等奖的奖品是'背背佳'，我不假思索地一口否决了，'不去，妈妈给你买'。当时，没解释、没商量、也没了解孩子的心理。结果，我话音一落，她的眼泪就刷刷地淌开了。看到她这样，我就更生气了！'你认为你能行吗？'就这样，她一句，我一句，各说各的理，嗓门越说越大，声音越来越高。一气之下，'我不管了，让你爸爸管吧！'我拿起澡筐就往外走，孩子也扯着嗓门给我一句：'你不相信我就是不相信你自己！'"

这位女儿的话不无道理，孩子是父母一手教出来的，对孩子能力的否定同样是对自己的能力甚至是自己教育能力的否定，只有相信自己的孩子，给他尝试的机会，才让孩子有历练的机会，他才会成长得更快。

成长是一个美妙的过程，而对于父母来说，这个过程却是艰辛而忙碌的。懵懂的孩子，要面对太多诱惑，经历太多挫折。正如这位妈妈一样，家长要想不"丢失"自己的孩子，光靠管束和告诫是行不通的。要了解孩子的思想，就必须和孩子之间建立起互相联系的"精神脐带"。不断地给孩子输送父母爱的滋养。

孩子的自尊心较强，会自然而然地认为自己能干，拥有明确、正面的自我意识，从积极的角度看待自己。自信的孩子对自己能够做成什么样的事情、取得什么样的成就持乐观态度。他们可以提高自己的要求，坚守自己的原则，开发自身的潜能。缺乏自信的孩子充满全面的自我怀疑，这使得他们容易产生内疚、羞愧之感，觉得自己不如他人。生活中，很多父母认为自己是爱孩子的，但却误解了什么是真正平等地去对待自己的孩子，他们以为坐着和孩子讲话就是平等，其实那只是形式上的平等。事实上，他们并没有真正以平等的心去待孩子，因为他们不相信自己的孩子。

家长要相信自己的孩子，就应该做到以下几方面。

第一，信任和相信孩子决断事情的能力、完成任务的能力、照顾自己的能力，以及当他足够大时负责任的能力。

第二，以孩子确信的方式向他表明你爱他、喜欢他。

第三，当心以下的想法："我以前没有得到过或不需要他人帮助，他也一样。"他与你是不同的。而且，没有得到他人帮助的人常常将之说成"不需要他人帮助"，以掩饰自己的失望。这就告诉父母，相信他，并不是对其放任自流，而应该给孩子足够的爱。

做到以上这些，父母必须从爱的基点出发，发现、发掘、抓住、肯定孩子的每一个优点和每一点进步；相信孩子的表现形式和落脚点就在于对孩子的赞许、鼓励、夸奖、表扬……相信孩子，才是真正的爱他，他才能成为一个在信任和赞扬中成长起来的有能力的人！

培养孩子的感恩之心

东汉文学家王符曾说："生活需要一颗感恩的心来创造。"一个人，如果能以感恩的心面对生活，那么，他看到的就是阳光，他就能感到幸福。

然而，生活中，我们总能发现喜欢抱怨的孩子，他们喜欢抱怨学习太累、父母太唠叨，甚至会小到抱怨饭菜太差、衣服太难看等。其实，他们之所以经常抱怨，是因为他们缺乏感恩之心。对于这种情况，家长有必要在孩子还在发展心智的童年时期就对其进行引导，让他们懂得父母养育他们之不易；知道所受到的爱是需要回报的；明白关心热爱父母家人是起码的孝心和良心；理解和帮助他人是最基本的社会道德。

在家庭生活中可以看到这样的情景：吃过饭后，孩子扭头看电视或出去玩，父母却在忙碌着收拾碗筷；家里有好吃的，父母总是先让孩子品尝，孩子却很少请父母先吃；孩子一旦生病，父母便忙前忙后，百般关照，而父母身体不适，孩子却很少问候……这些都是孩子不懂感恩的表现。那么，作为父母，我们该怎样培养孩子的感恩之心呢？

1.让孩子明白他无时无刻不在接受别人的帮助

可能孩子并未意识到，在他成长的道路上，他无时无刻不在接受他人的帮助，接受他人的恩惠，对此，我们可以告诉他："从你出生，父母就在孜孜不倦地哺育你，教你做人做事的道理；跨入校门，老师就无怨无悔地把毕生所学传授给你；遇到难以解答的学习问题，好心的同学也总是帮助你；而国家和社会，也为你提供了安定的学习和生活的环境；甚至生活中那些陌生人，也在无形中对你提供帮助……"这样，孩

子就会明白，他需要报答的人太多。一旦孩子有了一颗感恩的心，他还会抱怨父母的不理解、老师的严厉吗？

2.引导孩子理解父母

我们可以语重心长地对他说："居家过日子，难免磕磕碰碰，有时候，父母的行为、语言可能导致了家庭纷争，可能不太恰当，但请你一定要理解，我们都是希望你好……"

实际上，父母何尝不希望自己的子女能在生活中多关心自己一点呢？教会孩子懂得理解父母，他们就会懂得知恩图报、孝顺父母。

3.告诉孩子不要忘记经常对身边的人说"谢谢"

有时候，孩子可能认为，周围人对他举手之劳的帮助是理所当然，但要让他明白，没有谁应该对谁好，所以，应该对他们说"谢谢"，有时候，即使这么简单的一句道谢，也是一种幸福的回馈。

4.鼓励孩子为社会尽一份微薄的力量

一些孩子可能认为，我只不过是个普通人，哪里能为社会做多大贡献？但家长要告诉孩子，社会就是由千千万万这样的普通人组成的，每个人，只要从身边做起，多关心国家大事、社会新闻，多关心慈善事业，哪怕只捐出一块钱，哪怕只是简单地拾起了马路上的一片废纸，也是为社会的发展尽了一份力量。

5.鼓励孩子做些力所能及的事，帮父母减轻负担

其实，孩子已经有了一定的行为能力，生活中的很多事已经完全可以自己做了。家长就可以引导孩子学会：自己的衣服自己洗、自己的被子自己叠、自己收拾书包和房间等。另外，还可以引导孩子做一些力所能及的家务。例如，放学回家后，爸妈还没下班，让他先煮好饭；周

末，让他抽出半天时间帮爸妈进行大扫除等……这虽然都是一些小事，但却是培养孩子感恩的心以及加强亲子沟通的方法。

总之，懂得感恩的人是幸福的，我们如果希望自己的孩子内心快乐、平和，就要培养他们用感恩的心看待世界。这样，由于懂得体谅、理解和感激，关心尊重他人，孩子就会得到他人的肯定和信任，关心和帮助，长大后，他的事业就比较容易成功。孩子的内心存在真与善，知足与美好，就会有更多的快乐。

鼓励孩子多为他人着想

一位四年级的语文老师在给学生批改作文的时候，读到这样一篇文章："敬爱的王老师，希望您不要让我妈妈和我一起上学了，说句心里话，妈妈为此付出了太多太多的心思。妈妈天天有洗不完的衣服，中午哥哥回来前妈妈要把饭做好，到了下午妈妈也要早点做饭，爸爸早上7点上班晚上11点才回来，妈妈还要去接爸爸，回来给爸爸做饭……我保证，我再也不调皮了……"

当这位语文老师读到这里的时候，流下了心酸的泪水，孩子终于能理解家长的苦心了。原来，事情的经过是这样的：这位同学的名字叫王兴，是学校四年级一班的学生，调皮捣蛋，成绩在班上是倒数，那次，在学校又打了几个同学，这位语文老师作为班主任只好把孩子的妈妈请到了学校，并让孩子的妈妈来学校陪读。为了能让孩子继续留校读书，从当日下午起，这位妈妈便开始了自己的"陪读"生活，每天家里和学

校来回跑，妈妈为此痛苦不堪，王兴看在眼里疼在心上。为此，他偷偷给班主任王老师写了一封信，乞求老师不要再让妈妈为自己陪读了……

从此，这名叫王兴的学生好像换了一个人，他开始认真学习，开始想对妈妈好，开始感激老师……

看完这个故事，相信不少父母也会感叹，如果我的孩子也懂得感恩，懂得理解别人就好了。

不得不说，现实生活中，不少孩子与周围人发生矛盾，都是因为不懂得换位思考，每个孩子在成长的过程中，独立意识都在不断增强，我们若希望孩子成为一个贴心、善解人意的人，就要在这个阶段对他们进行引导。为此，我们可以这样做。

1.让孩子学会分享

在许多人眼里，帮助他人，意味着付出，意味着对自我的克制，其实更多的人还是在助人的过程中发现了快乐，让孩子体会与人分享带来的快乐，他会更愿意与人分享并帮助他人。应尽量避免给孩子树立负面的榜样。

2.让孩子学会换位思考

孩子之所以会以自我中心，是因为他不知道自己的行为会给别人带来什么样的负面影响，可以引导孩子站在他人的角度思考问题，学会换位思考。

有位家长是这样教育自己的孩子的："有一次，朋友给我的儿子买了一顶帽子。儿子一戴，抱怨帽子小，戴着还觉得头皮发痒，一脸的不高兴，更没有主动表示感谢之意，弄得我很生气，朋友也一脸尴尬。等朋友走后，我就问儿子：'如果你买了一个礼物送给别人，结果人家看到你送的东西一脸的不高兴，你心里会怎样想？如果对方高高兴兴地接受，并大大方方地谢谢你，你是不是会很愉快呀？'儿子知道自己做得不对，当天就打电话给送礼物的阿姨表示感谢，并为自己的失礼道歉。后来，儿子渐渐学会换位思考，没有我们的指点，他也能独立地面对别人的好意而主动说出感谢、感激的话了。"

3.给孩子提供关心他人、为他人着想的的机会

例如，爷爷下班回来，爸爸帮爷爷倒杯茶，就让孩子为爷爷拿拖鞋；奶奶生病了，妈妈为奶奶拿药，就让孩子为奶奶揉揉疼的地方；父母头痛时就让孩子帮忙按摩太阳穴，日子长了，孩子会学会许多他应该做的事情。再如，上街买菜时，就让孩子帮忙拿一些他能拿动的东西，有好东西吃就让他分享给家人，或者邻居家的孩子，孩子再碰到类似情况，就会如法炮制，慢慢就能养成关心他人的习惯。

4.对孩子关心他人的行为给予表扬和鼓励

例如，孩子帮妈妈擦桌子、扫地了，妈妈就要口头表扬孩子"呀！宝贝长大了，知道疼妈妈了，今天能帮妈妈干活了"；当孩子与邻居小朋友玩时，将玩具主动地让给同伴玩了，就抚摸着他的头夸奖"你真棒"，或者给孩子一个吻等。

总之，在平时，家长应有意识地去引导教育孩子，要多鼓励孩子为他人着想，这样，在孩子幼小心灵里埋下爱的种子，孩子就会主动地关心别人，并能主动给予。这对于孩子的人格发展很有必要！

正确引导孩子追求完美的心态

刘太太的儿子小灿今年4岁了，刘太太发现，小灿今年的行为很古怪，事件有三：

刘太太一家晚上睡觉之前有喝酸奶的习惯，但就在前些天的一个晚上，小灿一反常态地说要自己去丢酸奶盒，刘太太也高兴，自然也跟着顺手把盒子扔了，但小灿认为这样做不行，非要刘太太把她的酸奶盒拿出来，然后他自己再扔了一遍，刘太太问他为什么要这样做，他的回答是："如果这件事妈妈也参与了，那么就不是我一个人完成的了，必须由我来做才算是好的。"刘太太心想，原来孩子有追求完美的心态。

还有一次，刘太太陪小灿画水彩画，当时，花朵的颜色——粉红色没了，刘太太便用玫红色来代替，但没想到小灿将画了一半的画撕了，然后很生气地说："这种花明明是粉红色的，你怎么能随便用其他颜色来代替呢？"然后他就缠着刘太太下楼去买新的颜料。

小灿3岁以后，刘太太家里的很多生活规则都由小灿来定了。例如，不允许家里的大人穿错鞋、穿错衣服、坐错位置，如有时刘太太穿着小灿爸爸的拖鞋，总是被小灿要求更换，后来，刘太太明白了，孩子是进入了审美和追求完美的敏感期。明白这些以后，她能够理解孩子的行为了。

其实，小灿的这种行为就是孩子进入审美的敏感期的表现，对这个年龄段的孩子来说，世界是存在一种不变的程序和秩序，这就是儿童最初的逻辑关系。所以就会经常出现一些这样的行为：孩子突然喜欢打扮自己，喜欢按照自己的喜好来穿着，更注重自己的外表了；折纸课上，孩子对于一些有瑕疵的彩色纸很敏感，而且就是不愿意使用这样的纸；孩子好像突然喜欢上了家长的化妆品、高跟鞋……

当孩子进入了这一阶段后，最先发生改变的是他们在饮食上的要求。例如，他们会选择最大的苹果、最圆的饼，薯条必须是不能被折断的等，如果你破坏了食物的完美性，他们就会不要了。

随着对吃的东西的要求发生改变，儿童逐渐开始对自己使用的东西也有一个比较。比如说一张纸的四个角不能有一个是缺的，穿的衣服不能掉一颗扣子，玩的东西不能被破坏，一笔画下去，如果这一笔没有画到他所期望的样子，他这张纸就不要。这是儿童审美敏感期到来一个很重要的征兆，引导这一时期的孩子成了父母头疼的问题。

追求完美是孩子的天性，父母要保护他这种苛求成为完美的人的特点，要支持他成为一个严格要求自己的人。儿童开始追求完美，表明他们的世界开始走向深入和丰富，当他们开始在一些身外之物，如吃的、穿的、用的上要求完美时，他们也会开始把注意力放到自己身上。

对于女孩来说，她们这一时期更爱美。例如，她们开始对妈妈的化妆品产生浓厚的兴趣，甚至还会拿起妈妈的口红来化妆，会偷偷地穿妈妈的高跟鞋等。等到过了4岁，她们的审美意识将影响她们一生的审美能力，慢慢地，她们也开始挑选环境，开始对品质、艺术作品进行挑选。从这个时候开始，儿童就能敏锐的感知环境和氛围的变化，挑选美好的环境生活、美好的艺术作品欣赏。

孩子进入5~6岁的时候，她们就会知道口红不能抹得满嘴唇都是，知道衣服的颜色还要搭配等，这是儿童在自我探索的过程中逐渐发现的。在孩子审美能力逐渐螺旋上升的过程中，他们也越来越表现出对良好环

境的喜欢。一个审美能力强、自我要求高的孩子，是不会去学坏的，也不会与自我要求低的人为伍，不喜欢在恶劣的环境中生活，所以审美是不能被破坏的，家长也应该给孩子提供更好的条件。

总之，每个孩子都要经历审美和追求完美的敏感期，他们会突然有很多要求，如食品要完整，纸张要干净，衣服要挑选等，此时父母很容易失去耐心，因为我们明白，绝对完美的事是不存在的，也要在潜移默化中让孩子明白这个道理，但如果父母能理解孩子细腻、追求完美的心，把孩子的要求当作关乎成长的一次机会，就可能用心体察孩子的每一次不满，就能理解孩子，并用适当的方式帮助孩子。

别让消极占据孩子的内心

市里最近要举办一个儿童电子琴大赛，黄女士听到这个消息后，就给女儿报了名，她相信，女儿一定能拿到奖项，因为女儿从小就喜欢弹琴，一直是学校最好的文艺生。但奇怪的是，就在比赛即将开始的前一天晚上，女儿对黄女士说："妈妈，我不想参加了。"

"为什么？"

"因为我知道我肯定会让你丢脸，还不如不参加。"

"你怎么这么不自信？"黄女士有点生气了。

"因为你经常说我没用，如果这次没拿奖，你肯定又会这么说。"听完女儿的话，黄女士若有所思，难道都是我的错？

很多人会问："对人一生产生影响的因素中，谁的作用最大？"毋

庸置疑一定是父母。这个案例再次证明了这一点：为什么黄女士的女儿面对比赛十分消极？黄女士经常否定性的暗示让女儿认为自己"一定做不到"。

美国情感纪录片显示，一位父亲无意中的一句话，不仅影响了其女儿在童年时期的审美观形成，还直接影响其婚姻质量。上海青少年心理研究所专家支招：无论是表扬还是批评，父母一定要选择得当的话语，其作用可能真的影响孩子一辈子。

孩子会不自信、胆怯甚至自我否定，可以说，都和家庭教育有一定的关联。常常听到家长说："你看某某的学习多么自觉，从来不要父母操心，你为什么就这么让人不省心。我想了好多办法，花了大价钱请了家教，你的成绩怎么还是上不去？"亲子关系研究者认为，即便是出于事实的抱怨，家长的态度会让孩子相当敏感。久而久之，他们便会认为自己"真的没用"，或者变得消极、胆怯等。

有少数孩子能在打击中越挫越勇，最后建立优秀品质，但是大部分孩子可能都达不到家长预期的目标，长期接受父母未过滤、筛选的直白抱怨，尤其是针对自己的这些消极评价，对于培养他们的自信心和自尊心是有害的。一位心理医生非常痛心地讲述他碰到的现象："很多家长为了孩子的问题来找我，当他们绘声绘色地描述着孩子的不良行为时，孩子就站在旁边听着！"这就是很多孩子不自信的原因所在，家长也许可以尝试一下，别时刻摆出一副居高临下的姿态嘲笑或教训孩子，不要小看这些，这关乎孩子自信的基石的奠定。

那么，作为家长，该如何帮助孩子正确认识自我、树立自信、变得勇敢积极呢？

1.注意你的教育语言

绝对不能对孩子使用的措辞：

"你太笨了。"这句话太伤害孩子自尊了，孩子会按照父母的语言来做自我评估，这样一句话很可能会让孩子变得敏感、自卑、孤僻。

"你为什么就不能够像谁谁。"孩子最讨厌被对比，这是对他们最大的否定。

"你真不懂事。"本来做事就自信不足，需要家长的鼓励，但这样一句话反而让孩子更加怯懦了。

……

2.可以将批评与肯定结合起来

"你平时的作文写得还不错，可这次的作文却不怎么好"或"如果你再写上几篇这么糟糕的作文，你的语文就别想得到'良'"，虽然这两个批评所表达的意思是一样的，但前者却比后者易于被人接受。

当孩子缺乏信心或失去信心时，父母可以适时对他说"嗯！做得不错"或"想必你已用心去做了！"等表示支持的慰语，就是前段所谓的"感化"，最后再鼓励他："如果能再稍微注意一点，相信下次可以做得更好。"这种积极有建设性的检讨态度，才能使孩子不断进步，更加有自信心去与父母沟通问题，重要的是目标具体明确。

3.帮助孩子找到长处

家长应该永远是孩子的坚强后盾，当孩子遭受失败时，家长有责任鼓励他，教会他怎么应付困难。告诉孩子，任何人都有长处和短处，只知道自己的短处而不懂发挥长处是极其不利的。

有些孩子有音乐天赋，有些孩子会绘画，有些孩子能言善辩……干

什么并不重要，重要的是如果孩子喜欢，不妨鼓励他发展爱好，谁说爱好不能成为技能呢？为什么这些会重要？因为专注或擅长一件事情能帮助孩子建立自信。

　　自信对于孩子智力发展影响很大，可是很多孩子在"一刀切"的教育模式下，在人生刚刚起步的阶段，就已经丧失了自信心。因此，父母一定要引起重视，帮助孩子重建信心，正视自己，如此孩子的智力与自信心才能健全地成长。

第 10 章

嫉妒情绪：请把孩子带出嫉妒的旋涡

　　父母，可能会认为，只有成人才会嫉妒，其实不然，在儿童身上，嫉妒心理更是遍存在。对于成长期的孩子，可引起他嫉妒的内容是多种多样的。如别人突出的学习成绩，优越的家庭条件，漂亮的容貌、服饰、打扮等，都可能引起孩子的嫉妒。过于强烈的嫉妒心，轻者影响到孩子的学习生活，重则影响到孩子良好性格的形成，这种不正当的心理防卫甚至成为孩子前进路上的重大障碍。父母需要用正确的情感基调来看待儿童的嫉妒心，并用适当的方法引导，别让嫉妒心污染孩子的心灵。

孩子嫉贤妒能，怎么能长大

嫉妒心是在自己不如别人优越而有了失落感时才会产生的。嫉妒心是对某些方面超越自己的人的一种忌恨，是对无意或有意竞争者的一种仇恨心。一般来说，一个人并不对所有的人产生嫉妒，只是嫉妒比自己强的人，每当与这些比自己强的人在一起时，就会产生嫉妒，内心就会产生痛苦，从而造成情绪上的抵触和对立，最后把这种情绪发泄到对方身上。

而对于一个孩子而言，如果他的心被嫉妒吞噬，势必会影响到其成长，对此，家长必须从根源上根除孩子的嫉妒心，这样才能顺利引导他克服嫉妒，培养宽广心胸。为此，家长可以有以下几种做法。

第一，父母需要帮助孩子认识到嫉妒的危害，不做损人害己的蠢事。要让孩子明白，一个人最重要的就是拥有良好的性格，家长不妨把嫉妒的危害一条条列给他看。

1.对自己来说，嫉妒憎恨别人又无法启齿，只会让自己在痛苦中煎熬。

2.对别人来说，被嫉妒者往往因挫折反而勇敢进取更显优秀。嫉妒无损他人而折磨自己。

3.嫉妒是丑陋的。从近处说，它破坏友谊。集体中互相学习、互相帮助，共同进步的正气多么令人愉快，而嫉妒者不顾同学之情，朋友之谊，为发泄憎恨而干损人不利己的蠢事，结果只能被集体嘲笑和孤立。从远处说，一旦道德堕落，干出伤天害理之事，还将受到社会谴责、法律惩处。

第二，告诉孩子：胸怀开阔些，目光放远些，嫉妒就无处藏"心"。

有位妈妈这样陈述自己的教女经验："小时候女儿常说：'我比她画得好，为什么不能去比赛''她有芭比娃娃我没有'，这是典型的嫉妒语言。上学后，因为有更多机会和同伴比较，嫉妒也变得更明显。我认为嫉妒的根源是自私，只想自己，不为他人或集体考虑。症结是胸襟狭窄，容不得他人好。因此，我让女儿躲开嫉妒毒果，是从帮她改正自私开始的，道理很简单，谁不想成功，谁不为自己的成功和优秀而高兴？而人都有长处和短处，怎么可能你一人处处都长，他人处处都短呢？说到底，矫正嫉妒心理，实际上就是抑制以自我为中心的奢欲。我的教育是有用的，有次班上成绩最好的同学考试忘记带笔，女儿把笔借给她。事后女儿说：'帮助别人、为别人的优秀而高兴，是很愉悦的。'确实，女儿的开朗大度赢得了伙伴的友情，她现在是班里最有亲和力的人。我想，孩子有了开阔的胸怀，就能将目光放远，如此，嫉妒还能伤害他们吗？"

第三，接纳孩子的情感，帮助孩子从嫉妒中解脱出来。面对孩子的嫉妒，首先不能言辞激烈地去指责他、批评他，而应该耐心聆听他对这种感觉的描述。这时孩子最需要有人聆听他的倾诉并能理解他和体谅他。孩子的嫉妒心随时会冒出来，父母不可能彻底消灭它，但可以通过

接纳理解他，然后运用智慧，让这种情绪转化为激发潜能的动力。

第四，父母的爱和榜样是化解嫉妒的良药。父母都希望给孩子足够的爱，为此，就要不吝惜对孩子的鼓励和称赞，让孩子有安全感和幸福感。这样，孩子就不容易被别人的优越所打动，不会沉浸在对别人的艳羡之中，反而会自信地发展自己的优势。更重要的是父母的爱，还能让孩子拥有难能可贵的品格——大度和热情。而大度和热情是对嫉妒很好的抵抗剂。

此外，父母把握孩子的嫉妒心，更要把握好自己可能流露的嫉妒心，当邻居搬了新居、当同事得到晋级等，我们也会情不自禁地产生嫉妒，这时，避免在孩子面前流露出自卑或对他人的讽刺、攻击。

第五，帮助孩子建立自信，化嫉妒为进取。父母一定要用适当的方法让孩子把嫉妒变成自己奋斗的动力，这对孩子获得友谊和性格的形成都是至关重要的。

父母不妨和孩子制订计划，一方面虚心学习，和被嫉妒的孩子探讨学习方式，争取赶上对方；另一方面扬长避短，发扬自己的长处，如孩子数学基础扎实，家长就要让他继续努力创造出让人羡慕的成绩。

一个从小对人怨恨、嫉妒的孩子是不可能真心待人，更不可能拥有善解人意的性格，他只会把自己的缺陷归咎于人，而不是努力地改进自己的不足。父母是孩子人生航行上的导航人，让孩子拥有好性格，才是给了孩子积极成长的资本！

拔掉孩子心中"嫉妒"这颗毒瘤

彤彤妈妈有一天正走出小区，准备去上班，碰到了楼上的邻居，这个邻居的儿子也刚上小学，和彤彤在同一个学校。

邻居对彤彤妈妈说："现在的孩子，怎么小小年纪就有嫉妒心呢？对门张姐的女儿成绩好，我无意中夸了一句，儿子就愤愤不平地说：'老师包庇她。'开始我也没当回事。期末考试前，那女孩的几张复习的试卷丢了，就来我们家，向我儿子借着复印，儿子一口咬定卷子借给表妹了。可是儿子根本就没有表妹，而且，那天晚上，我看见儿子的书桌上竟然有两份复习试卷，很明显，那女孩的试卷是被儿子偷了。我当时真是六神无主了，儿子怎么会这样呢？我意识到问题的严重性，焦虑万分，因为任何思想成熟的人都明白嫉妒是思想的暴君，灵魂的顽疾，我想帮助儿子改掉嫉妒的陋习，可我真不知道怎么办？彤彤妈，你说我该怎么办？"

每个人都生活在一定的人际范围内，常常会不自觉地与他人做比较，当发现自己在才能、体貌或家庭条件等方面不如他人时，就会产生一种羡慕、崇拜，奋力追赶的心情，这是上进心的表现。但有时也会产生羞愧、消沉、怨恨等不愉快的情绪，后者就是人的嫉妒心理。

不只是成人，孩子也渴望友谊，每个孩子也都有几个朋友，但似乎这些孩子间都有一个威胁友谊的最大的杀手——嫉妒，因为在同龄的孩子之间，往往免不了竞争，因此，一些孩子在面对比自己优秀、比自己成功的朋友时，就会产生不平衡心理，"和他做朋友，感觉自己像个小丑一样，简直是他的附属品"，这种心理很多孩子都有过。

作为孩子的第一任老师，父母在培养孩子健康的竞争心态上起着极为重要的作用。在培养孩子竞争意识的过程中，也应让孩子明白，竞争不应是狭隘的、自私的，竞争应具有广阔的胸怀；竞争不应是阴险和狡诈，暗中算计人，而应是齐头并进，以实力超越；竞争不排除协作，没有良好的协作精神和集体信念，单枪匹马的强者是孤独的，也是不易成功的。为此，我们可以这样引导孩子。

1.教育孩子在竞争中要学会宽容

现实生活中，部分在竞争中失败的孩子，往往会流露出不高兴的情绪，会对对手充满敌对情绪，从这点，也能看出这些孩子还不能用正确、积极的态度面对竞争，这就要求家长在培养孩子竞争意识的同时，还要培养孩子好的竞争心态，要告诉孩子，在竞争中要宽容待人，让他明白竞争应该是互相接纳和包容的，而不是狭隘的、自私的。

2.教孩子在竞争中合作

竞争越是激烈，合作意识就越是重要。唯有竞争没有合作只能造成孤立，带来同学关系的紧张，给自己平添许多烦恼，对生活和学习都非常不利。

例如，家长可以告诉孩子："这次比足球赛中，××队的确赢了，但你发现没，他们这个团合作得非常好，实际上，你所在的团队每个队员都有各自非常好的优势，但却有个缺点，那就是你们好像都只顾自己，这是团队赛中最忌讳的。"

总之，家长培养孩子的竞争能力，就要让孩子明白只有与嫉妒告别的人，才有可能获得最后的胜利，取得优秀成绩。

谦卑的孩子更知道进取

谦虚使人进步，骄傲使人落后。任何人，只有积极进取，承认人外有人，天外有天，才能认识到学无止境的含义，才能放开眼界，不断地吸收新的知识。因为一个谦虚的人能学到更多东西。而现代社会，很多孩子出生于独生子女家庭，很多父母并没有彻底了解该如何培养孩子，精神教育的缺乏让这些孩子很容易产生骄傲自大的情绪。而这往往阻碍了孩子人生的长远发展。

列夫·托尔斯泰说："一个人就好像是一个分数，他的实际才能好比分子，而他对自己的估价好比分母，分母越大，则分数的值越小。"

人人都喜欢谦虚的人，而不会与自以为是的人为伍。即使是在提倡"毛遂自荐"精神的今天，谦虚依然不失为一种伟大的美德。持有谦虚精神的人如同持有一张通行证，可以畅通无阻地行走于社会，因为谦虚的人更知道进取。那么，父母应该怎样培养一个谦虚的孩子呢？

1.不要过度夸奖孩子

父母对孩子过分的夸奖与肯定，很容易使孩子滋生骄傲情绪，认为自己是最优秀的。一旦这种骄傲情绪产生，再纠正就困难了。

当今很多父母喜欢在众人面前炫耀孩子在这方面或那方面的"与众不同"，这样就很容易使孩子滋生骄傲情绪。事实上，一些潜质很好的孩子之所以没能如愿地在未来成为栋梁，他的骄傲自满、狂妄自大是重要原因之一。

骄傲自大的孩子往往不屑于与别人交往，心胸变得很狭窄。他们虽能取得一定的成绩，但往往只满足于眼前取得的成绩，而且他们看不到

别人的成绩。只有谦虚的孩子才有机会看清自己，看清别人，从而博采众家之长。

2.经常给孩子讲一些优秀人物的故事或者一些浅显的道理

如"水满则溢"的故事：一个容器若装满了水，稍一晃动，水便溢了出来。一个人若心里装满了骄傲，便再也容纳不了新知识、新经验和别人的忠言了。故古人云："满招损、谦受益。"

3.要用自身的言行影响孩子

父母切不可有骄傲自满的表现，因为一个尚未形成价值观、社会观的孩子极易受父母的影响。

4.为孩子创造一个好的氛围

父母要为孩子创造一个有利于培养孩子谦虚品质的大环境，并同时和老师配合。在教育孩子谦虚的同时肯定孩子的长处，让孩子认识到只有谦虚才能使人不断进步。

一个人不管有多丰富的知识，取得多大的成绩，或是有了何等显赫的地位，都要谦虚谨慎，不能自视过高。孩子也一样，谦虚的孩子更知道进取，不断探求知识和人生的路，一个心胸宽广，能博采众长，不断地丰富自己的知识，增强自己的本领的孩子必能创出更好的人生业绩！

引导孩子发现更好的自己

日本的宗一郎能像狗一样嗅车子漏下的汽油，牛顿在风暴中玩耍……他们表面上是在玩耍，甚至样子很可笑，但他们真正的目的却是

在尝试其他孩子没有兴趣尝试的东西。如果父母对其不理解并横加指责，这样扼杀一个孩子潜能岂不可惜。

为此，要想引导孩子发现更好的自己，挖掘出他们的潜能，需要家长这样对待孩子的行为。

1.解读孩子的行为

有位网友提到一件趣事："邻居家7岁孩子被他爸爸打了，原来这孩子不知道从哪里找来一只受伤的鸟，然后将鸟绑在了炮仗上，点着了炮仗飞上天，鸟落下来被炸死了。被爸爸妈妈打骂完之后，最后才知道他的想法，他想把受伤的鸟送上蓝天……"

其实，不少家长在教育中也总是有这样的习惯：对于孩子的行为，自己没有理解，也没有努力去尝试理解，还把孩子的做法归为错误的，这是对孩子极不负责任的做法，在这样的教育下，孩子能有多大的发展呢？

因此，要善于解读孩子的行为。孩子的行为，很多都是他对未知世界的一种探索，有些事情的做法孩子甚至比大人更有技巧。父母通过解读孩子的行为，明白孩子的本来目的，这样便于找出适合孩子的教育方法，不至于出现因误解而扼杀了孩子的成长。

历史上的很多天才，在一般人看来，他们的行为是不可思议的。如果后来他们不能成为一个天才，他们的这些举止将永远成为别人的笑柄，更会成为他们是傻子、疯子的有力证据。

2.换位思考，挖掘出孩子"行为"背后的积极动机

法国儿童喜剧片《巴黎淘气帮》里有这样一群孩子，他们为了让妈妈高兴，就趁着妈妈不在家的时间，想给家里做个大扫除，结果把家里

弄得一塌糊涂，沙发被划破了，地板被擦花了，甚至家里的小猫都"不幸"被扔进了洗衣机。其实不少家庭都发生过这样的事，孩子为了讨好大人，好心办了坏事，因为他们没有生活经验，此时，我们不能责备，而是应该告诉他们方法。

3.从孩子的行为中开发其潜能

孩子一些看似捣蛋调皮的行为，其实正是他们与其他孩子的区别，也是他们具备某一潜能的体现，不少天才之所以能成功，就是因为他们的父母能看到他们行为后的潜能，知道那些举止是天才诞生的开始，有意识地支持孩子的行为，帮助他们开发潜能。

总之，父母要明白一个道理：解读孩子的行为，就便于更好地教育孩子，天才也就是这样养成的。如果我们能走进孩子内心世界，真正了解孩子的"行为"，去引导，去鼓励，去帮助，去发现，孩子就能健康成长、顺利成才！

正确引导孩子的好胜心

美国著名心理学家布鲁纳曾经指出，好胜的内驱力可以激发人的成就欲望。但不注意引导就会导致孩子在相互的竞争中产生嫉妒心理。嫉妒过于强烈，任其发展，孩子则会形成一种扭曲的心理：心胸狭窄，喜欢看到别人不如自己，并喜欢通过排挤他人来取得成功。所以，从小培养并引导孩子积极的好胜心对孩子的成长很有必要。教育孩子的目的之一，就是要培养孩子良好的心态，让孩子的心态更阳光。

　　好胜心过强导致的嫉妒是阻碍孩子身心发展的坏心态之一，坏心态则包括消极、悲观、自卑、浮躁、骄傲、自大、贪婪、偏执、嫉妒、仇恨等，孩子产生好胜心理的原因是多样的，但归纳起来，主要是孩子内部的消极因素和外部环境的消极因素相互影响、相互作用而产生的。如在竞争中受挫、因老师表扬他人、因自己家境贫寒等。父母只有了解了孩子好胜心理产生的原因，才能有针对性地进行教育，以免孩子产生嫉妒心理，才能让孩子拥有好心态，好的心态就恰似一把金钥匙，在孩子的成长过程中，为孩子打开"自我宝藏"的大门。

　　有位母亲这样对心理咨询师说："儿子小炜从小长得虎头虎脑，很讨人喜欢，一直以来都是我们家的开心果。我们也很惯他，小炜在幼儿园里的表现也很优秀，再加上他嘴甜，老师都很喜欢他。可以说，他是在大家的赞美声中长大，在无忧无虑的状态下生活的。

　　"自从升入小学后，小炜却不似从前那么活泼开朗了，有时候还会将郁闷的表情挂在脸上。我和先生同他沟通后，他告诉我们说班上谁谁得了第一名，谁谁又得了小红花，而他却没有份。看着儿子不服气的样子，我内心有点担心，儿子这么小就有了好胜心，说明他很有竞争意识，但一定要加强引导，否则，会形成嫉妒心理！

　　"意识到问题的严重性后，我们决定正确引导孩子的好胜心。于是，在接下来的日子里，我们不再一味地鼓励孩子去争强好胜，而是将重点放在了培养他良好的心态上，给他树立'胜不骄、败不馁'的信念。一方面，当儿子失败了，我们不但给他分析原因，也告诉他，结果是次要的，努力尝试的过程更重要。另一方面，经常在日常生活中给他暗示，告诉他在这个世界上，总会有人比你强，你真正的对手应该是自

己，保持进步，超越自己，那样你才是最大的赢家。

这位母亲的引导方法是正确的，家长应该有所启发，正确的引导，能将孩子的好胜心转化为努力向上的动力。家长应该从以下几个方面进行教育。

1.告诉孩子努力学习是获胜的基础

家长必须让孩子明白，要想在竞争中获胜，必须通过自己的努力，掌握比别人更过硬的本领。对于能力较弱的孩子，家长更应耐心引导，及时肯定孩子的点滴进步，让他们体会到成功的喜悦，培养他们的自信心。

2.让孩子明白不伤他人是求胜的准则

家长在培养和引导孩子的好胜心时，特别要注意避免嫉妒心理的产生。父母有责任多从客观方面引导孩子，避免消极的、不与人为善的态度，不要时时拿自己孩子的长处和别人孩子的短处相比。

3.教育孩子承认差异，奋进努力

人必然是有差异的，不是表现在这方面，就是表现在那方面。一个人承认差异就是承认现实，要使自己在某方面好起来，只有靠自己奋进努力，嫉妒于事无补，而且会影响自己的奋斗精神。

4.帮助孩子克服自私心理

好胜是个人心理结构中"我"的位置过于膨胀的具体表现。总怕别人比自己强，对自己不利。只有驱除私心杂念、拓宽自己的心胸，才能正确地看待别人，悦纳自己，即常说的"心底无私天地宽"。

5.帮助孩子形成正确的自我认识

孩子正处于身心发展的阶段，还不能全面地看问题，不能对自己和他人进行正确的评价，这就要求父母在与孩子相处的过程中，要让孩子懂得"金无足赤，人无完人"，每个人都有自己的长处，也有自己的不足。父母不但要正确地认识孩子，还要帮助孩子形成正确的自我认识。

6.培养孩子宽容的品质

好胜心强的孩子，往往有自身的性格弱点。例如，与人交往时，喜欢做核心人物；当不能成为社交中心时，就会发脾气；他们不会感谢人，易受外界影响等。对有性格弱点的孩子，父母要悉心引导。在孩子面前，要对获得成功的人多加赞美，并鼓励孩子虚心学习他人长处，积极支持孩子通过自己的努力去超越别人、战胜自己，使孩子的这种心理得到正当的发泄。孩子学会了事事处处接纳他人、理解他人、信任他人，不仅会发现他人的许多优点，而且也会容忍他人的某些不当之处，求大同存小异。这样，孩子的人际关系就会变得融洽和谐。

7.让孩子充实自己的生活

如果孩子学习、生活的节奏很紧张、生活过得很充实、很有意义，孩子就不会把注意力局限在嫉妒他人身上。父母应该帮助孩子充实生活，让孩子多参加一些有意义的活动，转移孩子的注意力，使孩子把精力放在学习和其他有意义的事情上。

教育孩子，就是要用正确的方法引导孩子健康地成长，就是要让孩子对自己的心态有正确的定位，好心态能让孩子的内心世界更阳光，这样的孩子才能用正确的心态去迎接未来社会的竞争！

培养孩子比天空还宽广的胸怀

古今成大事者，不但要有大志，也一定拥有宽广的胸怀。胸怀是人格的具体体现，具有宽广胸怀的人，才能成为人格高尚的人，而这正是家庭教育的目的之一。

然而，现代社会，一些父母过早地向孩子灌输竞争的重要性，致使孩子面对竞争出现一些负面心理和情绪，如嫉妒，这对孩子的成长是极为不利的。家长在教育孩子的时候，精神上的养育绝不能少，这样教育出的孩子才能不畏恶劣的生存环境和残酷的社会竞争，依然傲然挺立，也能以坦然的心态面对竞争和竞争对手，拥有比天空还宽广的胸怀，创造出一方属于自己的天空。

其实，家长可以采取一些辅助教育方式，避免孩子狭窄心胸的形成，有以下三个方面可以尝试。

第一，让孩子开阔眼界。眼界宽的人，胸怀也会宽广。

第二，在阅读中培养孩子宽广的胸怀，书籍中有无数值得孩子学习的心胸宽广的故事，这些故事对孩子的启迪远比家长的说教要好得多。

父母可以从书籍中的故事中获得一些启示，还可以从生活中的一些现象出发，告诉孩子怎样才能拥有宽广的胸怀，如不要斤斤计较那些鸡毛蒜皮的小事情，要欣赏他人的优点，不要嫉妒。也可以把"海纳百川，有容乃大"这样的格言贴在孩子的桌子上，作为孩子的座右铭，让他自我勉励。

第三，身体力行，做孩子的榜样。

家长是孩子的第一任老师，父母如何待人接物、心胸是否宽广，直

接影响到孩子，父母平时待人要和蔼，一些针尖大的事情，没必要斤斤计较，更不要发火、出口伤人，因为父母的一言一行都映射在孩子幼小的心灵上。

总之，父母不仅要让孩子明白靠自己的双手争取成功，而且要让孩子懂得真正成功的人一定是个心胸宽广的人，斤斤计较、心胸狭窄、嫉贤妒能的人，最终与成功无缘。因此，家长一定要注意孩子的品质培养，千万别让孩子原本豁达、宽广的胸怀被搁浅甚至埋葬！

第 11 章

厌学情绪：给孩子心灵松绑，使其快乐上学

可能很多家长都遇到过这样的困惑：为什么我的孩子总是提不起学习兴趣甚至已经开始厌学了呢？其实，儿童厌学，原因多种多样，如孩子缺乏学习动机、学习压力大、父母期望太高；在学校人际关系紧张等。但无论何种原因，父母在发现孩子出现厌学时，一定要找到原因，并帮助孩子平衡自己的心态，稳定情绪，这样才能帮助孩子走出厌学情绪。

缺乏学习兴趣引发孩子厌学情绪

当今社会，只有努力学习，才会具备竞争力。孩子也是，知识是衡量一个人素质和修养的重要标准，而具备学习的动力是孩子学好知识的源泉，可以说，这种动力很大程度上应理解为学习兴趣，其实，孩子天生是好学的，他们两三岁时总对外界事物充满好奇，只是很多父母在教育孩子的过程中出现了一些误区，他们认为给足孩子物质条件，孩子就能学好，而忽视了培养孩子的学习兴趣。事实上，孩子也正是因为学习兴趣的缺乏而导致了厌学情绪的产生。

其实，不少儿童天生有探求知识的欲望，并不需要父母过多的担心，但现代社会家庭中出现的各种不利于孩子学习的因素，导致了孩子学习怠惰，造成孩子内在的学习兴趣逐渐流失，我们不妨看看以下几种情况下，家长是怎么做的。

（1）当孩子向父母提问时，一些父母一般把所知的全部告诉孩子，这样做，就会令他们无法体验自己寻找答案的乐趣，因而扼杀了他们的内在学习动机。同时更会让他们养成依赖及易放弃的习惯，令他们失去主动学习的能力。

（2）当孩子要求父母帮忙做某些科目的练习，如搜集或整理资料

等，不少家长都会帮忙，甚至会视为"家长作业"般尽心尽力地完成。孩子因此而失去了一次难得的学习机会，透过练习，学习沟通及资料处理等技能可发挥多元智能。

（3）当孩子被同龄人欺负时，相信很多父母的做法是替孩子出头，生怕自己的孩子受到伤害，但其实这样做也是不对的，这会使孩子变得更加依赖父母，这本是一次学习的过程，它可以培养孩子的解决问题、保护自己及与人相处等能力。家长不妨按孩子的心智成熟程度，与他们共同讨论应如何面对这种处境。要耐心地聆听他们的感受及想法，并鼓励他们从不同角度思考解决方案。

俗话说得好"天生我材必有用"，培养孩子学习的兴趣，让兴趣这个老师督促孩子学习，孩子必能发挥其最大的潜能学习，并有所建树。父母应该顺应孩子成长的规律，不应该压抑孩子的好奇心、禁止孩子发问，反而要鼓励他们；因为长大后，他就不一定想知道那么多了。父母也应该多让他们接触新事物。

父母都希望自己的孩子能轻松愉快地取得好成绩。学习兴趣是推动孩子学习的一种最实际的动力，它能够促使孩子自觉地去学。一般来说，孩子的学习兴趣与他们的学习成绩、学习信心是相辅相成的。他对某门功课有兴趣，学习成绩就会好，学习信心就会足。因此，父母对孩子学习兴趣的培养很重要。如何去培养孩子学习的兴趣呢？

1.尊重孩子的兴趣

很多父母认为，教育孩子，就应该让孩子成为一个全能型人才，于是从孩子一入学开始，就千方百计想孩子学得好，懂得多，所以家长把孩子的双休日、节假日都安排得满满的。事实上，孩子多学点东西是好

的，家长这个出发点也是好的，但孩子是否喜欢学呢？所以，父母不应该强迫孩子学这一样，不学那一样，而是应该多给孩子一些自由宽松的空间，让他们自己去选择感兴趣的、喜欢的事。例如，有些孩子并不喜欢弹钢琴，而喜欢动手操作，搞一些小制作。但家长就认为这不应该是孩子的兴趣所在，加以阻止，其实，这也是学习的过程，这样的学习孩子还会学得自觉、开心，在这样的活动中，不仅使孩子的思维能力得到发展，又能提高他们的动手操作能力。

家长不但不应该阻止他们做，还要根据孩子的兴趣特点，为他们提供有关的书籍，创造机会让孩子参加一些有益的活动和比赛。许多事实证明了，小时候培养的兴趣往往为一生的事业奠定了基础。有些父母对孩子寄托了很大的希望，但他们往往按照自己的主观意志去"规定"孩子的兴趣，而不是尊重孩子自身学习兴趣的发展规律培养孩子，这样往往会延误孩子的发展。

2.注意把孩子原有的兴趣与知识学习联系起来，以培养和激发新的兴趣

学生的天职就是学习，家长应该注意把孩子原有兴趣与知识学习联系起来，将兴趣引导到学习上来，以培养和激发新的兴趣。

3.了解孩子的学习能力

千万不能把自己的理想模式强加给孩子，每个孩子都有自己的特点，目标的制订还要因人而异，即使制订训练目标后也应不断调整，使之始终处于理想的模式。

4.要让孩子有危机感，要给他适当的压力

父母不可能永远庇佑孩子，也不能呵护孩子一辈子，这是一个不可

回避而且必须想得清清楚楚的问题。因此，孩子必须要努力学习，这种压力，也能转换为学习动力，但学习动力的形成，最好不是灌输，而是要形成自觉，要引导孩子，让孩子自己分析得来。要让孩子对自己成长生活的小环境和大环境有正确清晰的认知，有危机感。关于大环境，大家的一句口头禅就是"现在是竞争社会"。要让孩子明白，这个激烈竞争的大环境，是应当热烈响应，并积极参与其中的——要让孩子真心向往竞争。

但要提醒的是，这种危机感又要适度让孩子有一定的安全感，有护佑，这护佑当然不是权势和金钱，不是父母的代替，而是父母与他一起努力，一起奔跑前进，是交流和鼓舞带来的信心。

正确的教育造就成功的孩子，父母望子成龙、望女成凤的愿望是可以实现的。培养孩子的学习兴趣，可以让孩子快速提高成绩，也可以减轻自己的负担和压力，具备实力的孩子定能在未来竞争激烈的大环境下出类拔萃！

引导孩子明白他在为谁学习

父母都希望自己的孩子能够热爱学习，有强烈的学习兴趣，因为兴趣是最好的老师，有兴趣才能学得好。然而，怎样才能让孩子产生学习兴趣呢？很简单，就是让孩子找到学习的动机。事实上，很多时候，孩子之所以厌学，就是因为他们没有明确到底是在为谁学习。

只有让孩子明白他在为谁而学习，为什么而学习，他才会有一种向

前的驱动力，他才会觉得学习是一种乐趣，也就能克服学习中产生的各种困难，学习积极性提高了，学习效率也就提高了。

为此，父母有必要引导孩子明白他们学习到底是为了谁，具体来说，可以从以下几个步骤入手。

1.问孩子：你为谁学习

你的提问会引起他的思考，他也会问自己：我在为谁学习，我学习的目的是什么？如果他找不到答案，他会困惑，他会寻求父母的帮助。

2.告诉孩子：知识改变命运

要让孩子明白，读书是为了自己，为了获取知识，为了让自己未来的人生路走得更平坦，知识才能让孩子成为自己想成为的人，才能改变命运。

3.以切身体会和经验告诉孩子学习的重要性

要告诉孩子，在这样一个竞争十分激烈的社会中，没有知识，就等于没有生存的本领，每个人都在用知识为自己的未来打拼。寒窗苦读的过程的确很辛苦，这是一个人立于世的必经过程。

如果孩子认为学习、读书是为了父母的面子、老师的名声，那么，他会觉得读书、学习是一种负担，没有了学习动力，又怎么能学得好呢？

而如果父母能让他们明白他们读书的真正目的是为了获取知识和改变命运，那么，在这样的心态下，即便他们遇到了很大的压力，也不会抱怨父母，也能尽快调整自己的心态，他们也会明白，有时候父母逼他们学习，剥夺他们玩耍的时间，完全是为了他们着想，最终，他们也会产生源源不断的学习动力！

学习效率低，也会诱发孩子厌学

帮助孩子掌握好的学习方法，就等于为孩子找到了促进学习进步的金钥匙。

每个孩子都有属于自己的学习方法和习惯，有的学习很轻松，学习习惯也好，课堂认真听讲，基础知识掌握得好，灵活运用能力强；而有的孩子学习死板，学得很累，课后用10倍时间学习，效果也不好，这样就要改进学习方法。

当然，孩子的学习方法应该由孩子自己来寻找，而父母所要做的应该是从旁协助的工作。

那么，父母怎样帮助孩子找到属于他自己的个性学习方法呢？

1.认识到孩子的特殊性，尊重孩子的学习兴趣

适合孩子的学习方法一定是要建立在孩子的学习兴趣上的。生活中，当孩子没有达到家长预期的目标时，家长就觉得孩子出了太多的问题，或是责骂孩子，或是语重心长"控诉"孩子。孩子沉默了，孩子愧疚了，孩子自卑了……很多时候孩子就是在这样看不见的教育暴力中失去了成长的快乐和发展的潜能。即使父母为孩子打造出的学习方法再完美，也不一定适合孩子，因为他对此方法根本不感兴趣。

家长要重视孩子的个体差异，充分考虑孩子的优势智能，注重孩子兴趣和个性的培养，帮助孩子找到属于自己的"钥匙"。

2.根据孩子的生活习惯和时间安排孩子的学习，让孩子高效地学习

每个人的机体存在差异，这是毋庸置疑的，所以每个人在生活习惯上有所不同。例如，有些孩子喜欢在晚饭前学习，而有些孩子在睡前的

某段时间能发挥记忆的最好效果，对此，父母都要留意，只有这样帮助孩子学习，他才能以最快的时间进入学习状态，提高学习效率。

3.掌握小窍门，让孩子尽快进入学习状态

如何让孩子尽快进入学习状态，是广大家长最为关心的方面。拥有9年个性化教育研究经验的教学专家认为：家长个性化的监督和引导是孩子安心学习的关键。在此，他教了家长帮助孩子收心的小窍门：家长不要给孩子过多压力，要鼓励孩子适当地多看书，或者陪孩子适当做一些体育锻炼，让孩子心态平和下来。家长可以帮助孩子制订一个切合实际的学习计划，每天定期了解孩子的学习表现，多给孩子鼓励和建议，使孩子保持积极的心态。

4.训练孩子解决问题的能力

拥有解决问题的能力才是制胜的法宝。父母在帮助孩子找适合的学习方法时，这一点乃重中之重，要训练孩子这一能力，就要着重培养孩子自主学习和正确的思维方式，长此以往，孩子的成绩及综合素质将稳步持续地提升。

总之，帮助孩子找对学习方法，需要依据孩子个人的习惯、兴趣、时间安排、生理状态等。所以，要想成为孩子的家庭教师，就要全面了解孩子，然后做出具体的计划安排。学习方法只有适合孩子才是最好的。有针对性地制订出一套独特的、行之有效的教学方案和心理辅导策略，不仅使孩子掌握一种切合自身的学习方法，提高学习成绩，更重要的是让孩子的心理和心态更健康，远离厌学情绪！

家长的过高期望，容易让儿童厌学

在科学技术飞速发展、人类精神文明不断升华、物质文明日益丰富的今天，孩子未来都要参与社会的竞争。为了让孩子拥有一个美好未来，父母将大量心血倾注在孩子身上，他们殚精竭虑，绞尽脑汁，"恨不能将一腔热血，化作浇灌幼苗的春雨"，他们将孩子成才的标准系在了分数上。的确，做父母的都希望自己的孩子考满分，这是无可厚非的，这也是父母努力培养孩子的一个目标，但是，如果不能很好的处理重视分数的度，很可能走向极端，使得分数成为了孩子成长的枷锁，让孩子产生厌学情绪。

诚然，父母关心孩子的学习情况是应该的，但是，有的父母把学习成绩看得太重，逼着孩子去争高分，殊不知这样会带来许多不良的后果。对于孩子潜能的发挥也有一定的限制作用。

我们并不一概反对看重分数，因为分数在一定意义上也能反映出孩子掌握知识的程度，反映出孩子运用知识解决问题的能力。但是，考试分数高的孩子并不表示他们将来走上社会也一定会成才，而考试成绩不好的孩子更不表明他们将来会一事无成。

家长教育孩子，不能忽略孩子的全面发展。除了成绩，孩子的品德修养、性情习惯以及解决问题的能力，都会影响孩子的一生。社会越来越需要有能力的人才，父母一定要注重培养孩子各方面的能力。

1.不盯分数，看学习效果

父母在督促孩子学习的时候，不要只盯着孩子的考试分数，更应该看孩子实际的学习效果。不能仅以分数作为评价孩子学业水平的唯一标

准，要以一种平和的心态对待孩子的考试成绩，孩子考好了，不妨进行精神鼓励；如果孩子考试成绩不理想，要帮助孩子认真分析，找出失误的原因，并鼓励孩子继续努力，这样孩子才会情绪稳定，自信心增强，身心各方面才会健康发展。

2.承认孩子存在差异

孩子在学习能力和方法以及智力上都是有差异的，很多孩子明白学习的重要性，但每个孩子由于智力的因素和非智力的因素，学习成绩总会有差异。父母要做的是认真了解情况，听听孩子的解释，不能武断地得出孩子学习不努力、不用功的结论。要以尊重平等的态度和孩子一起分析、解决学习中遇到的问题，帮助孩子掌握适合的、有效的学习方法，制订适当的目标。

3.孩子成绩不好时给予宽容和鼓励

父母永远是孩子受伤时停靠的心灵港湾，孩子考试失利时已经非常难过了，这时候，要拿出自己的宽容和安慰，一定不要在孩子的伤口上再撒上一把盐。同时也要不忘对孩子说"下次努力"，使孩子把目光转向下一次机会。

父母引导与帮助孩子提高学习成绩，本来是无可厚非的，但不可过分看重成绩，要重视孩子的全面素质的教育，以利于孩子全面成长。父母应通过对孩子的教育，发掘孩子所蕴藏的潜能，从未来社会对人才的要求来看，真正能在社会上获得很好发展机会的人才，都是具备创新能力的人，因此，父母不要为了追求短期的效应，让孩子有太大的压力，那样，总有一天孩子会被压垮的，让孩子快乐地学习和成长，这才是父母应该做的！

紧张的人际关系易导致孩子厌学

这天，一个10岁的小女孩在母亲的带领下，来到了心理咨询室，小女孩微笑中又有几分忧虑："老师，怎样才能让同学们都喜欢我呢？"

老师笑了："你能把这个问题讲得具体一点吗？比如，你碰到了什么具体的难题，有什么具体的故事。"

"是这样，我是个挺在乎同学关系的人，我也在往这方面努力。但是，我觉得同学们并不是都很喜欢我。可是，我们班上的另一个女孩却非常有人缘，她不当班干部同学们喜欢她，她当班干部同学们也喜欢她。您说，这是怎么回事？而且现在，因为他们不喜欢我，我连学都不想上了。"

"我们先放一放你的问题，你能仔细想想那个同学们喜欢的女孩有哪些表现吗？想起什么说什么。"

女孩沉思片刻说道："她喜欢帮助别人。同学们谁有困难都愿意找她，只要是她能做的，她总是尽力帮助。她也常常主动帮助同学。她还总是微笑，她也不喜欢炫耀自己，她很少和同学闹矛盾，她还很善于说话。学习也很努力……"

"你能发现这些很好，你不必非要大家都喜欢你。世上哪有让所有的人都喜欢的人？你今天专门来讨论这个问题，说明你将会更好地进行人际交往，将会如那个女孩一样让大家喜欢。"

很明显，这个女孩之所以有"不想上学"的想法，是因为她在学校的人际关系不是很好，而这也是很多孩子产生厌学情绪的原因。孩子从家庭来到学校，有了新的环境，他们都希望自己可以交到更多的朋友，

可是在处理和同学之间关系的时候，因为人生阅历的不足，造成一些失误。而对于这一原因造成的厌学，父母可以进行如下引导。

1.要让孩子懂得反省自己

要告诉孩子一个道理，如果你的朋友中，个别对你有意见，可能是对方的问题，但如果你在大家中被孤立或者被众人排挤的话，估计就是你的问题了，此时，你要做的就是反省自己，看看自己哪里不对。试想一下，你是不是太"自我中心"了——凡事很少为别人着想，自己想怎样就怎样，或对朋友不怎么关心等。

2.让孩子懂得控制自己的情绪

"血气方刚"是年轻人的专利，情绪失控时会造成很多悲剧。父母要帮助孩子学会控制自己的情绪和脾气，要告诉孩子："当你被激怒时，或者当你觉得自己血往上涌，只想拍桌子的时候，千万要转移注意力，或者数数，或者离开那个环境，当你学会控制情绪时，你就长大了。"

3.告诉孩子要大度、宽容

要让孩子明白朋友之间，生活习惯不同，难免个性不同，要学会彼此尊重和包容。人都是重情谊的，你帮他，他也会帮你，互相帮助使友谊更加深厚。在深厚友谊的基础上，彼此给对方提一些意见是很容易接受的。不是什么原则上的大错误，不要斤斤计较，多包容。

4.帮助孩子正确看待每个人的长处和不足

人无完人，金无足赤。我们可以告诉孩子："如果你发现你的朋友在外面彬彬有礼而跟你在一起有点粗鲁，可能正说明他真的把你当朋友，不能因为谁有某种不足就讨厌他，如果这个缺点不是品质上的，不是道德问题的话。大家能够走到一起，本身就是一种缘分。"

5.让孩子多帮助别人和关心别人

要告诉孩子经常帮助别人的人，自己也会得到别人的帮助。"比如同学肚子疼了，给他灌一个热水袋，倒点热水；同学哭了，送他一块纸巾，拍拍他的肩膀，不用说话就能把关心传递过去；这都会让你和朋友们的感情升温。"

总之，教育孩子最重要的目的之一就是培养孩子的情商。随着年龄的增长，孩子的人际交往范围逐步扩大。人际关系中的矛盾，会使他们产生"困惑""曲解"或"冷漠"等消极心理，并导致他们产生认识偏差、情绪偏差，进而会做出不适应、不理智甚至极端的行为反应。因此，在孩子与人发生矛盾时，家长要加强教育，指导孩子学会处理各种人际关系中的矛盾，要帮助他从那种被排斥的感觉中逐渐成长，因为每一个人与别人相处的独特方式，都是要经过一番努力才能获得的。当孩子开始有了自立、独立的能力后，有了与人交往的能力后，让他和同学、朋友一起玩，逐步提高谦让、忍耐、协作的能力。否则孩子总和父母与家人相处在一起，备受宠爱，培养不了这方面的能力，以后进入社会就不能很好地和同事相处。教会孩子融洽的与人相处，孩子就可以利用人际关系收获更多快乐和成功！

如何解决儿童厌学

这天，在下班的路上，两位妈妈聊到了孩子的教育问题。

"王姐，最近怎么了，是不是有什么心事？有什么事，我们能帮忙的，就说出来，大家都是同事。"

"不瞒你说，是我女儿小敏，我现在几乎每天下班后的工作，就是把她从学校或者同学家拉回来，这孩子，不知道怎么了，现在就跟变了一个人似的，以前她很爱学习，人家问她以后的理想是什么，她都说是考大学，现在，不知道她在想什么，和小时候判若两人。对了，听说你家菲菲很爱学习，成绩很优异呢，你是怎么教育孩子的？"

"现在的孩子啊，是不好教育，是很容易产生一些问题的，尤其是厌学，还有抵触情绪呢。其实，学习越来越紧张，他们也很有压力。"

"我知道，可是小敏根本不愿意学习，哎，真不知道拿这孩子怎么办。"

像小敏一样，学生不爱学习的现象并不少见，但随着社会竞争的日益激烈，每个孩子都必须要掌握知识。正是因为如此，不少孩子即使在天真无邪的童年也要背负学习的压力，久而久之，他们似乎已经不再是为自己读书，而是为父母读书，除了每天紧张的学习外，他们还要面临残酷的学习竞争，一场场考试、一次次排名，把他们压得喘不过起来，久而久之，他们开始产生厌学的情绪。其实，缓解孩子的学习压力是个社会性问题，需要全社会的共同努力，但是家长负有最直接的责任。为了孩子的健康成长，每一个家长都要格外精心和努力。

作为父母，我们要从以下方面努力。

1.要下大气力解决孩子的学习动机问题

学习动机是孩子学习的根本动力，只有随着年龄的增长，不断地明确学习目的中社会性意义的内容，孩子的学习才会有持久的动力。

一些家长爱用"将来没饭吃""不读书一辈子干苦力"等话数落孩子，既没有给孩子讲道理，又没有直接激发孩子的具体实例，往往不起任何作用。

其实，兴趣才是最好的老师，孩子的学习也是如此，只有让孩子真的爱上学习，他们才能化压力为动力，因此家长要注意经常鼓励孩子，激发他的兴趣，并潜移默化地向他灌输社会性理想，帮助他将目光投向社会、世界和未来。

例如，有位同学原来对课本学习不感兴趣，上课随便讲话，做小动作。班主任老师在一次家访中，发现了他爱饲养小动物。于是老师有意让他参加生物兴趣小组，并委托他饲养生物实验室的金鱼。由于他的兴趣得到合理引导，使得他不仅在课外活动中主动积极，而且生物课学习也表现得十分认真。

可见，孩子一旦对学习产生了兴趣，便会积极主动地投入，消除怠惰。

2.找到孩子不喜欢学习的原因，对症下药

父母首先要和孩子自由沟通，以温和的态度和孩子探讨为什么不喜欢学习。父母了解他的问题所在，就要为他解决。对于因学习困难而对学习不感兴趣的孩子，家长要耐心地帮助孩子找到困难的原因，帮助他掌握科学的学习方法。

3.切实帮助孩子解决学习上的问题

很多父母关心孩子的学习情况，只是把眼光放在孩子的成绩上，而没有认识到孩子有时候也需要家长在学习上的辅导与帮助，有的孩子因为某一个问题没弄明白，一步没跟上步步跟不上，渐渐失去了学习的信

心和兴趣。所以家长要真正关心孩子，就要注意他是否跟上学习进度。有条件的每周都要和孩子一起总结一次，发现出现问题就要及时补上，有的时候，还要请专门的老师给予专题辅导。孩子在学习上的困难得以解决，学习兴趣必然能够得到提高。

而对于学习压力过大，已经明显表现出病态心理和行为的孩子，要积极求教于心理咨询和治疗机构，在专业人员的指导下对孩子予以科学的辅导，逐步帮助孩子得到矫治。

参考文献

[1] 李群锋.儿情绪心理学[M].苏州：古吴轩出版社，2017.

[2] 庞向前.儿情绪心理学[M].北京：当代世界出版社，2017.

[3] 希瑟·朗扎克.儿童情绪管理与性格培养绘本[M].北京：化学工业出版社，2013.

[4] 胡媛媛.我不随便发脾气[M].广州：广东旅游出版社，2016.

[5] 闻少聪.父母新知：理解孩子的坏脾气 [M].上海：华东师范大学出版社，2014.